# DIZIONARIO BILINGUE

## ITALIANO / CANE
## CANE / ITALIANO

**Testi di Roberto Marchesini**
**e del medico veterinario Jean Cuvelier**
Illustrazioni di Christophe Besse

con la collaborazione di Ilaria Innocenti,
responsabile nazionale Settore Cani e Gatti della LAV



SONDA

*Grazie a contatti come quelli con la mia cagna Safi, ho imparato ad apprezzare a fondo le finezze e la gentilezza del suo modo di comunicare e cerco di corrispondere tenendo la voce bassa e il tocco lieve anche in situazioni di grande intensità emotiva, per lei o per me o per entrambi.*

J. M. COETZEE, *La vita degli animali.*

# Ai lettori

Esiste un'ampia gamma di dizionari di lingue straniere, ma nessuno ancora è stato dedicato alla lingua e alla comunicazione con il migliore amico dell'uomo: il cane. Tuttavia, noi «parliamo» ai cani, essi ci «parlano», essi si «parlano» e si tratta di un vero e proprio dialogo che s'instaura tra il cane e il suo partner umano; questi deve decodificare quello che «dice» al suo cane, e il cane quello che «dice» al suo partner umano.

Le edizioni Larousse hanno avuto l'idea di realizzare questo dizionario pratico della «lingua» del cane, decriptando oltre 150 situazioni tipo del comportamento canino, attraverso delle parole chiave relative alla vita di tutti i giorni... tutte attentamente selezionate e classificate dalla A alla Z.

Ideato in collaborazione con il dottor Jean Cuvelier, medico veterinario, e Christophe Besse, disegnatore di talento, anche lui amante degli animali, questo dizionario fornisce semplici spunti per comprendere ed educare i cani, ma anche... i loro partner umani. Le illustrazioni mettono in risalto, in modo umoristico, delle situazioni abituali con le quali quanti convivono con un cane si sono confrontati almeno una volta. Rendendo la lettura più gradevole, questi disegni permettono di riconoscere alcune situazioni vissute e di correggere, se necessario, gli errori di comunicazione e di linguaggio che turbano le relazioni tra noi e il cane.

In materia di educazione del cucciolo, se, nel bambino, tutto si gioca prima dei 6 mesi, per il migliore amico dell'uomo il tempo si riduce a 3 mesi! Il cane vive inoltre in un mondo in cui la parola ha meno importanza di altri mezzi di comunicazione, come gli odori, la gestualità, le posture, lo sguardo, la mimica, il ritmo, le intonazioni della voce...

Capire e farsi capire dal proprio animale sono le due sfide che devono affrontare tutti coloro che hanno per compagno un cane. Questo dizionario, inedito nel suo approccio, è concepito per aiutarli.

L'edizione italiana infatti presenta l'approccio cognitivo-zooantropologico alla relazione con il cane espresso dal suo fondatore, lo zooantropologo ed etologo Roberto Marchesini, che ha in gran parte riscritto l'opera.

Grazie al contributo della LAV (Lega Antivivisezione), inoltre è stato introdotto un apparato normativo aggiornato.

# Breve guida all'uso

**Per ogni termine del dizionario, troverete una situazione della vita quotidiana e ciò che potrebbe significare per il cane nella lingua umana.**

- Nella 1° parte, **CANE 🐾 ITALIANO** (pp. 13 a 181), si trovano situazioni in cui il cane invia un messaggio destinato al proprio partner umano, come se potesse rivolgersi a lui se possedesse la parola.
- Nella 2° parte, **ITALIANO 🐾 CANE** (pp. 182 a 279), si trovano situazioni in cui il partner umano invia un messaggio destinato al proprio cane e ciò che potrebbe decodificare il cane in questa situazione nella lingua umana.
- Nella 3° parte, **CANE 🐾 CANE** (pp. 280 a 319), si trovano situazioni di comunicazione tra cani, come se si potesse tradurre nella lingua umana il messaggio del cane all'attenzione del suo o dei suoi simili.

Infine una 4° parte, **COS'ALTRO DEVI SAPERE...** (pp. 320 a 349), a cura di Ilaria Innocenti della LAV. Mantenendo lo spirito del dizionario viene proposta una sintetica guida delle norme esistenti: leggi nazionali, il Codice civile e il Codice penale.

# Introduzione
di *Roberto Marchesini*

Facce delle stessa medaglia poetica e unica ode alla vita, uomo e cane si sono plasmati vicendevolmente, l'uno ha domesticato l'altro, ricamandosi nelle più profonde rifiniture, fino a diventare un curioso *yin* e *yang* filogenetico: in un gioco complesso di incastri e richiami, come una chiocciola e il suo guscio, l'uno si rifugia nell'altro.

Abituati a pensare che solo l'uomo abbia domesticato il cane portandolo via dalle foreste dei suoi antenati lupini e forti di una tradizione antropocentrica che vede l'uomo autosufficiente nella costruzione delle sue qualità, facciamo molta fatica ad accettare che anche il cane abbia contribuito a farci diventare quello che siamo.

Quella tra uomo e cane è stata un'alleanza fondativa per entrambi, capace di realizzare una dimensione esistenziale non presente nelle due specie separate. Dal cane l'uomo acquisisce strategie di gruppo nel monitoraggio del territorio, nello sfruttamento dell'ambiente, nella difesa del proprio spazio, qualità che prima non erano presenti nella nostra vita.

Molti antropologi concordano che nel catalogo dei comportamenti umani figurano accanto ai tratti etologici tipici dei primati dei predicati che sono tipicamente lupini. Nel paleolitico, per almeno 50 mila anni prima della rivoluzione agricola, uomo e cane hanno camminato affiancati ibridandosi vicendevolmente, ossia trasferendosi l'un l'altro culture e stili.

I bambini che nascono nelle società miste fatte di uomini e di cani imparano non solo dagli umani ma anche dai cani. È grazie a questo primo evento ibridativo se oggi l'uomo travalica i suoi confini di specie e si proietta in una moltitudine di dimensioni esistenziali. Accanto a questo dobbiamo riconoscere che anche il cane - quell'animale capace di muoversi con disinvoltura nelle metropoli, di entrare spontaneamente in un ascensore o in un vano d'automobile, di accendere o spegnere le luci di casa, di collaborare in un'infinità di attività dell'uomo, di accudire dei bambini autistici - non solo è un'entità dotata di pensiero, a dispetto di quello che voleva Cartesio, ma è a tutti gli effetti una realtà culturale.

Purtroppo la nostra società sembra aver smarrito il significato di questa alleanza basata proprio sulla diversità del cane e sulla valorizzazione delle sue qualità non-umane in una logica collaborativa che dava spazio alla sua piena espressione.

Si tende così ad antropomorfizzare il cane, negando le sue qualità più autentiche, e così facendo si ritiene persino di viziarlo e non di maltrattarlo. Il cane diviene perciò un surrogato, mortificato nelle sue valenze e accettato al più come una sorta di sostituto di relazioni mancanti, declassandolo a un ruolo compensativo che di fatto nega un suo valore intrinseco. Le persone che manifestano affetto verso i cani vengono quindi considerate come deficitarie e devianti, quasi che dell'amore verso un cane ci si debba in qualche modo vergognare o che comunque questa tendenza tolga qualcosa all'interesse o al rispetto verso il prossimo umano. Al contrario, la relazione con il cane è la migliore palestra di empatia e di prosocialità.

Adottare un cane è un grande gesto di amore che, se affrontato con consapevolezza e responsabilità, dà espressione a quanto c'è di più nobile nell'anima di ciascuno. Ogni adozione dà avvio a una storia che è unica e ricca di commozione, perché il cane è fantastico nel sorprenderci e nel superare ogni nostra aspettativa.

Possiamo essere attenti, premurosi, affettuosi ma il cane ci supererà sempre.

La sua amicizia è solida, costante, incondizionata, capace di controbilanciare le fluttuazioni del nostro umore, di regalarci un sorriso inatteso, un conforto e un sostegno nelle giornate amare.

Ma per mettere il cane nelle migliori condizioni per esprimere le sue qualità è indispensabile conoscere le sue caratteristiche e non darle per scontate. Da qui il bisogno di un vademecum che dia le nozioni di base della percezione, della comunicazione, degli interessi, del comportamento sociale del cane.

Vivere con il cane è una delle più belle esperienze che la vita può riservarci, a patto di avere le giuste coordinate di incontro e di relazione. Il pregio di questo libro sta nel trasmettere con un linguaggio semplice e comprensibile il punto di vista del cane e le sue parole, al fine di evitare quei pericolosi fraintendimenti che sono alla base di tutti i problemi. Al cane non manca la parola, siamo noi a non capirlo.

**Roberto Marchesini** insegna etologia e Scienze della Comportamentali Applicate in diversi atenei italiani.

Già presidente della Società Italiana di Scienze Comportamentali Applicate (SISCA) e direttore della Scuola di Interazione Uomo-Animale (SIUA), ha scritto articoli e realizzato ricerche nelle aree delle scienze cognitive e della zooantropologia. Collabora con «La Stampa», il «Manifesto» e altri periodici di natura e animali come «Airone», «Quattro Zampe», «Cani», «Argos» e altri.

Tra i suoi saggi: *Animali di città* (Red Edizioni, 1997); *L'identità del cane* (Apèiron, 2004); *Fondamenti di Zooantropologia* (Alberto Perdisa Editore, 2005); *Pedagogia Cinofila* (Alberto Perdisa Editore, 2007); *Bastardo a chi? Guida pratica per diventare il perfetto compagno a due zampe del tuo cane* (Fabbri Editore, 2007); *Intelligenze plurime* (Alberto Perdisa Editore, 2008).

# CANE ITALIANO

**ABBAIARE. Modalità comunicativa attraverso cui il cane richiama l'attenzione.**

- **LA SITUAZIONE TIPO:** il cane vicino a un cancello abbaia perché qualcuno si sta avvicinando...
- **A COSA PENSA IL CANE:** *«Compagni, venite subito qui, dobbiamo scacciare un intruso!»*.

## Il consiglio dell'etologo

Abbaiare è una delle più importanti caratteristiche comunicative del cane, una modalità espressiva che l'uomo ha selezionato perché utile per avvisare e di conseguenza scoraggiare l'ingresso di estranei nella proprietà.

Esistono razze di cani particolarmente portate ad avvisare, come i terrier, e in genere i cani di piccola taglia tendono a rispondere con l'abbaio a ogni occorrenza problematica.

Se la persona dà attenzione all'espressione di abbaio, anche solo per ordinare di smettere, in breve il cane la utilizzerà per richiedere l'attenzione del proprio amico umano. Dalla funzione di avviso con molta facilità si passa a un utilizzo più allargato, come fare una richiesta o rispondere a una sollecitazione, cosicché il cane abbaierà ogni qualvolta si troverà in una situazione problematica e vorrà abbassare la tensione, per esempio quando è da solo in casa e prova ansia o quando è molto eccitato ed è inquieto.

Una volta che l'abbaio si sia fortemente consolidato nello stile del cane, verrà utilizzato in ogni circostanza, anche solo per salutare o sottolineare la propria presenza.

BAU! BAU!
BAU! BAU! BAU!
BAU! BAU! BAU!
BAU! BAU! BAU! BAU!
BAU! BAU!

Purtroppo, se è vero che un tempo l'abbaio era considerato un valore, oggi diventa uno dei problemi più lamentati dai conviventi umani, anche perché può dar luogo a conflitti condominiali. Per diminuire la tendenza ad abbaiare è necessario agire su diversi fronti:

- Non dare attenzione al cane quando abbaia e viceversa rivolgersi a lui e premiarlo quando sta zitto.
- Evitare di mettere il cane in situazioni che lo sollecitano troppo, come in balcone, davanti al cancello, alla finestra, ma abituarlo a stare tranquillo sulla copertina.
- Abbassare i livelli di disagio del cane, per esempio lo stress e la frustrazione facendogli fare attività fisica e gratificante e diminuendo le situazioni spiacevoli.
- Migliorare la propria comunicazione con il cane, diminuendo la comunicazione verbale e aumentando il linguaggio corporeo, abbassando il volume del proprio parlare, evitando la focalizzazione sul problema e l'ansia ma, al contrario, trasmettendo fiducia e serenità. Gli atteggiamenti punitivi non aiutano perché vanno ad aumentare quello stato di disagio interiore a cui il cane risponde per l'appunto con l'abbaio.

***VEDI*** > ATTENZIONE P. 50; COMUNICAZIONE NON-VERBALE P. 210; COMUNICAZIONE VERBALE P. 216; VOCALIZZAZIONE P. 318.

**ADATTAMENTO. Capacità di modificare l'espressione comportamentale sulla base delle specifiche circostanze dando una risposta adeguata.**

- **LA SITUAZIONE TIPO:** il cane che continua a correre, ad abbaiare e ad agitarsi nel cuore della notte mentre la famiglia dorme.
- **A COSA PENSA IL CANE:** *«Perché nessuno vuole giocare con me?»*.

## Il consiglio dell'etologo

L'adattamento è una proprietà di base che consente al cane di trovare una sintonia con il mondo esterno: si dispone a seconda di ciò che il mondo gli offre o gli richiede con estrema competenza e senza sforzo. L'adattamento si basa su una corretta interpretazione dei referti sensoriali e un conseguente adeguamento dello stato interno. L'adattamento è una condizione dinamica perché al mutare delle circostanze esterne ha il compito da una parte di mantenere l'equilibrio psicologico del soggetto, dall'altra di correlare le sue disposizioni ed espressioni a ciò che richiede la situazione.

Per avere buone disposizioni adattative il cane deve essere equilibrato negli interessi e nella risposta emozionale, avere uno stato di arousal (*vedi voce*) stabile, possedere delle corrette conoscenze circa le caratteristiche del mondo in cui si trova a vivere.

Se il cane è troppo orientato su un'attività, se ha un umore instabile o ipersensibile, se è compromessa la sua proprietà di acquisizione degli stimoli esterni, la capacità di adattamento sarà più difficile. Allo stesso modo, se il cane non ha avuto esperienza con un certo ambiente o con certi target oppure se ne ha rappresentazioni distorte, per esempio li interpreta in modo scorretto, li associa a particolari conseguenze oppure li ha marcati con emozioni negative, allora non sarà in grado di esprimere le risposte adeguate.

Se il cane non riesce ad adattarsi alle circostanze, vive uno stato di disagio che può dar origine a stress o a frustrazione, con conseguenti tentativi di mettere in atto altri meccanismi di compensazione all'origine di molte problematiche comportamentali, come il mordicchiarsi continuamente una parte del corpo.

Per favorire le capacità adattative del cane occorre da una parte promuoverne l'equilibrio motivazionale (vale a dire, sviluppare più interessi e più modi di ottenere gratificazione), lo sviluppo dell'attaccamento e le emozioni positive; dall'altra dare conoscenze favorendo le corrette esperienze. La predisposizione di rituali (quando si fa una certa attività, come la si compie, in che contesto) favorisce le capacità adattative del cane.

Un'altra qualità molto importante è l'adattabilità, ossia la capacità di avere una flessibilità adattativa anche in situazioni nuove o sconosciute oppure allorché si venga a interrompere una particolare aspettativa. Per favorire l'adattabilità occorre far conoscere al cane situazioni differenti e mantenere in lui la curiosità giovanile attraverso molta attività ludica.

***VEDI*** > EMOZIONI P. 81; CONOSCENZE P. 218; MOTIVAZIONE P. 129; PROBLEMI COMPORTAMENTALI P. 244.

**AGGRESSIONE PREDATORIA. Modalità attraverso cui il cane si procura il cibo.**

- **LA SITUAZIONE TIPO:** una persona sta correndo e il cane la rincorre e la azzanna.
- **A COSA PENSA IL CANE:** *«Ti devo fermare e prendere»*.

## Il consiglio dell'etologo

Il cane è un predatore e nella sua storia evoluzionistica deve la sopravvivenza all'interesse verso tutto ciò che si muove e alla tendenza a rincorrere i target in movimento afferrandoli con la bocca. Per questo gioca con noi a rincorrere la pallina che gli lanciamo. Il movimento catalizza la sua attenzione, per cui se vogliamo farci notare, il modo migliore è muoversi, anche solo con piccoli scatti del corpo: di colpo diventiamo irresistibili e il suo desiderio di raggiungerci e talvolta di afferrarci con la bocca, non necessariamente per farci del male, è molto forte.

Chi fa jogging sovente riceve le attenzioni non proprio gradevoli dei cani: fermarsi è sempre il modo migliore per abbassare le loro attenzioni. L'aggressione predatoria può essere stimolata da fattori che agiscono in sinergia, per esempio: bambini che corrono *(1)* dietro una palla o un frisbee *(2)*, emettendo vocalizzazioni acute *(3)*, gettandosi per terra *(4)*, agitandosi freneticamente con gli arti *(5)*.

Tuttavia, una vera e propria aggressione predatoria verso l'uomo non è frequente e tende a manifestarsi soprattutto in cani che hanno avuto una scarsa socializzazione secondaria e nei confronti di bambini.

AGGRESSIONE PREDATORIA.

I bambini sembrano mettere in atto tutti gli stimoli che suscitano la predatorietà: hanno una voce acuta, tendono a correre, a saltare e a buttarsi per terra, giocano con oggetti in movimento. Se il cane corre loro dietro, il comportamento migliore è quello di fermarsi.

Si tratta però di un'evenienza molto remota nelle sue espressioni più gravi, ma che può avere delle emergenze in cani tenuti costantemente in box e in branco, in isolamento dal contatto con l'uomo, alimentati con scarti di macelleria da dilaniare, in particolare se sollecitati attraverso comportamenti di fuga da parte dell'aggredito, vocalizzazioni acute, movimenti convulsi.

***VEDI*** > AROUSAL P. 44; MOTIVAZIONE P. 129; BAMBINO P. 54; GIOCATTOLI P. 232.

**AGGRESSIONE SOCIALE. Espressione comportamentale finalizzata a ottenere con la forza un particolare risultato.**

- **LA SITUAZIONE TIPO:** condotto a passeggio dal proprio partner umano, il cane di colpo tira violentemente il guinzaglio ringhiando a una persona che incrocia per strada.
- **A COSA PENSA IL CANE:** *«Guai a te se ti avvicini!».*

## Spiegazione

L'aggressione viene messa in pratica dal cane attraverso

comportamenti di attacco, violenti in quanto basati su rituali intimidatori tesi a spaventare e che quindi enfatizzano il portato di pericolosità del soggetto. In genere questi rituali sono molto eclatanti (un abbaio sonoro accompagnato dal ringhio, l'orripilazione, lo scatto in avanti) perché hanno l'obiettivo di scoraggiare l'avversario o colui che viene percepito come tale: per esempio, un estraneo che si avvicina alla ciotola, al territorio e persino al proprietario.

Altre volte il cane semplicemente avvisa (in questo caso abbiamo un brontolio e un ringhio prolungato accompagnato dal sollevare il labbro a mostrare i canini) una situazione che si verifica soprattutto in casa verso i familiari, per scoraggiare comportamenti indesiderati come scacciarlo dal divano. Se il rituale di intimidazione non dà l'esito voluto,

si può arrivare al morso. Tuttavia, una buona conoscenza dei segnali premonitori permette di evitare questa eventualità.

Vanno evidenziati due tipi di aggressione:

- **L'aggressione sociale** ha lo scopo di allontanare o comunque di bloccare l'azione dell'aggredito.
- **L'aggressione predatoria** ha come finalità la cattura e l'uccisione della preda.

Nell'aggressione sociale la persona viene avvertita come un competitore o come un elemento conflittuale da allontanare.

A parte situazioni particolari, dove il morso viene espresso come ultima risorsa utile (il cane manipolato dopo un incidente o dolorante, la femmina a cui vengono sottratti i cuccioli da un estraneo, il cane che si trova un estraneo a sfidarlo nel suo territorio), le due situazioni più frequenti di morsicatura riguardano:

- **L'aggressione dimostrativa** da parte di un soggetto con un alto posizionamento all'interno del gruppo familiare allorché non veda riconosciute le sue prerogative di leadership.
- **L'aggressione irritativa** da parte di soggetti ansiosi, fobico-timorosi, irritabili, con l'obiettivo di allontanare l'aggredito vissuto come una fonte fastidiosa, disturbante, pericolosa.

Nell'educazione che il cucciolo riceve dalla madre vi è una sorta di inibizione all'utilizzo del morso come elemento di interazione sociale, per cui il cane che ha avuto un corretto indirizzo allo sviluppo non risponde con il morso se proprio non viene messo in condizioni limite. Inoltre, sia nei problemi di posizionamento sociale sia in quelli fobico-irritativi, il protrarsi di situazioni conflittuali può far emergere l'occasione di aggressione che purtroppo rafforza nell'aggressore questa modalità comportamentale per risolvere le situazioni problematiche.

Viene così a interrompersi un tabù e il morso si strumentalizza, è cioè utilizzato con sempre maggiore disinvoltura anche per lievi fastidi. Il **morso dimostrativo** è in genere meno pericoloso di quello **irritativo**, essendo quest'ultimo caratterizzato da una perdita del controllo (manifestandosi in modo multiplo e lacerante), mentre il dimostrativo alle prime occorrenze è di solito un pizzico inferto con gli incisivi.

D'altro canto, l'errato posizionamento sociale del cane determina una situazione contraddittoria, incoerente e competitiva che provoca stress e ansia nel soggetto, per cui anche il morso dimostrativo può avere evoluzioni molto problematiche, come il **morso tenuto** o il **morso multiplo**.

L'aggressione sociale è in genere preceduta da segnali e da sintomi che dovrebbero avvisare l'aggredito di desistere dal suo intento interattivo: l'immobilizzarsi, il rizzare il pelo sulla nuca, il ringhio-brontolio, il sollevamento del labbro superiore a mostrare i canini.

Ovviamente, l'aggressione dimostrativa di un dominante vedrà il cane con la massima esposizione del corpo (per esempio, orecchie in avanti, coda alta, stazione eretta, sguardo diretto), mentre quella avversativa di un timoroso lo vedrà con un profilo sfuggente: per esempio, orecchie schiacciate all'indietro, coda tra le zampe, postura rannicchiata, sguardo obliquo.

Purtroppo in casi patologici i segnali di preavviso tendono a essere poco leggibili o a precedere di poco il morso, rendendo più problematica la prevenzione.

## Il consiglio dell'etologo

Rispetto alla prevenzione dell'aggressione sociale, tuttavia alcune attenzioni possono essere utili:

- Evitare le circostanze limite come manipolare senza precauzioni un cane infortunato o sofferente; entrare in modo spavaldo e senza preavviso in una proprietà; prendere in mano i cuccioli se non si è conosciuti dalla madre.
- Rispettare sempre i corretti rituali di approccio ai cani sconosciuti, ovvero non andare verso il cane in linea retta, non guardarlo negli occhi, non allungare le mani, non mettere in atto interazioni strette come abbracciare o stringere, dare al cane il tempo di conoscerci.
- Interrompere subito qualunque interazione se il cane dimostra di essere infastidito o mette in atto segnali di avviso; non cercare di calmarlo o di tranquillizzarlo.
- Non spaventare il cane, non aumentare la sua eccitazione attraverso la voce o il movimento, non mettersi a correre, non sfidarlo. Nel caso il proprio cane presenti delle problematiche o di posizionamento sociale o di irritazione, farsi sempre aiutare da un professionista. Allorché il cane emette i segnali che preannunciano l'aggressione, è necessario diminuire il clima di problematicità: desistere dall'obiettivo

interattivo (sia per accarezzare che per allontanare il cane), guardare da un'altra parte, non muoversi, tenere le braccia parallele al corpo, stare zitti e non vocalizzare in alcun modo, evitare il confronto o di spaventarlo, voltarsi o porsi in modo laterale rispetto al cane evitando di fronteggiarlo.

Il cane che vive una problematicità sociale viene infastidito:

• Da ogni invasione del suo spazio, per cui sono importanti le distanze e i tempi.

• Da ogni interazione diretta, vissuta come una sfida, per cui rivolgersi a lui con le parole o con lo sguardo, portare le mani verso di lui, dirigere verso di lui oggetti come un bastone, un giornale o una macchina fotografica può dare il via all'aggressione. Ricordiamo sempre che, se il cane è diffidente e sente il bisogno di allontanare il prossimo, quanto più è angusto il luogo dove avviene l'interazione (il box, la soglia di ingresso o l'abitacolo della macchina), quanto più affollato è il contesto di interazione, quanto più si sente costretto (guinzaglio o catena), tanto maggiore sarà il rischio di una risposta di aggressione.

Se si viene aggrediti è difficile mantenere la lucidità, tuttavia, se possibile, è buona norma:

• Appoggiarsi a un muro o a un supporto per evitare di cadere a terra dove saremmo più vulnerabili.

• Esporre sempre il fianco sia per proteggere gli organi ventrali che per dichiarare la non disponibilità allo scontro.

• Immobilizzarsi evitando di correre, saltare, agitarsi, urlare, guardare in faccia il cane.

• Tenere ferma la parte azzannata, il braccio o la gamba, evitando di strattonare: si otterrebbe il solo risultato di allargare la ferita e di aizzare maggiormente il cane, inducendogli più forza nella presa o incitandolo a una nuova. Nel caso di zuffe tra cani, se i due soggetti non presentano grosse differenze di taglia, in genere se la cavano benissimo tra loro e non ci si deve preoccupare più di tanto.

Alcune attenzioni d'altro canto sono utili:

• Favorire nel proprio cane una buona socializzazione primaria.

• Fare incontrare i cani in spazi larghi, in modo tale che possano conoscersi senza costrizioni o fastidi.

• Non posizionarsi mai dietro con il guinzaglio tirato.

***VEDI*** > DOLORE P. 80; GERARCHIA P. 94; PROBLEMI COMPORTAMENTALI P. 244; PROSOCIALITÀ P. 310; RINGHIO P. 151; TERRITORIALITÀ P. 168.

**ALTERITÀ. Definisce le qualità relazionali dei non umani, intese in due caratteri fondamentali: la soggettività (il cane non è un oggetto) e la diversità (il cane ha una sua prospettiva).**

- **LA SITUAZIONE TIPO:** il partner umano dà al cane giocattoli per bambini.
- **A COSA PENSA IL CANE:** *«Belli, ma a cosa servono?»*.

## Il consiglio dell'etologo

Per costruire una corretta relazione con il cane è necessario riconoscere il suo stato di alterità, vale a dire ritenerlo un soggetto e tenere in considerazione la sua diversità comportamentale. La relazione deve cioè permettere la piena espressione del cane, evitando di trasformarlo in un oggetto o di antropomorfizzarlo, due atteggiamenti apparentemente opposti ma da considerarsi come veri e propri maltrattamenti che non consentono l'attivazione di un dialogo con l'animale.

Parlare di soggettività del cane è molto importante perché troppo spesso si tende a strumentalizzarlo - l'animale «da» oppure usato «per» - o a interpretarlo come una macchina mossa da automatismi, per esempio regolato da istinti o da condizionamenti.

Nella visione cognitiva il cane ha una mente; le sue esperienze danno luogo a conoscenze e non ad automatismi, il suo comportamento è l'espressione di uno stato mentale «nel qui e ora», caratterizzato da specifiche emozioni e motivazioni. Pertanto, in ogni attività occorre coinvolgerlo, rispettando il «suo qui e ora» di soggetto, con coerenza tra il suo presente e quello che gli proponiamo. Antropomorfizzare un cane non significa concedergli qualcosa, bensì togliergli le sue peculiarità e trasformarlo in un'approssimazione all'uomo. Trattare un cane come fosse un umano non vuol dire viziarlo, ma maltrattarlo.

***VEDI*** > AMICIZIA P. 31; ANNUSARE PP. 33, 284; BAMBINO P. 54; DIMENSIONI DI RELAZIONE P. 221; PREGIUDIZI P. 241.

**AMICIZIA. Legame che si viene a creare tra la persona o il gruppo e il cane.**

- **LA SITUAZIONE TIPO:** il cane che segue il partner umano dappertutto.
- **A COSA PENSA IL CANE:** *«Allora, cosa facciamo insieme?».*

## Il consiglio dell'etologo

L'uomo è molto più individualista del cane e anche nelle situazioni sociali è portato a sentirsi individuo, non a ragionare in modo collettivo; questo lo porta a interpretare la vicinanza del cane solo in termini di affettività. Per l'uomo il cane cerca affetto, sicurezza, cibo: ci sta vicino perché vuole coccole o perché desidera mangiare.

Al contrario, l'amicizia del cane è molto più articolata: in essa è sicuramente presente la componente affettiva, ma questa non esaurisce i contenuti di amicizia che il cane propone e richiede all'essere umano.

Molte persone costruiscono la propria relazione con il cane o in modo genitoriale, vedendo nel proprio beniamino a quattro zampe un cucciolo a vita da proteggere e nutrire, o in senso esclusivamente affettivo, chiedendo alla relazione solo conferme di tipo affettivo.

Queste modalità di leggere il rapporto non sono sbagliate in senso assoluto ma risultano povere per il cane che, viceversa, richiede di essere un compagno di avventure esplorative, di interazioni giocose, di collaborazioni di gruppo. Il cane interpreta in modo sociale, e quindi con una precisa attribuzione di ruoli, il suo stare nel branco-famiglia. Pochi si rendono conto che già a 6 mesi il cane è un adolescente in cerca di una sua posizione sociale. Allargare ad altre attività di relazione il proprio rapporto significa dargli un migliore stato di benessere e molto spesso scoprire nuovi ambiti di gratificazione anche per il partner umano.

Per aprire la relazione in senso collaborativo, vera dimensione dell'amicizia del cane, è utile coinvolgerlo in diverse attività (esplorative, sportive, ludiche) e chiedergli di fare delle cose per noi, come portare un oggetto. Quante più saranno le attività condivise, tanto maggiore sarà la percezione di amicizia che il cane proverà.

***VEDI*** > ALTERITÀ P. 29; ATTACCAMENTO PP. 48, 285; DIMENSIONI DI RELAZIONE P. 221; PUBERTÀ P. 143; UBBIDIENZA P. 172.

**ANNUSARE. Modalità sensoriale privilegiata dal cane per monitorare il mondo.**

- **LA SITUAZIONE TIPO:** il cane sta annusando un angolino sudicio e il partner umano sta tirando il guinzaglio per portarlo via da lì.
- **A COSA PENSA IL CANE:** *«Perché non mi fa leggere il mio quotidiano? Eppure dovrebbe saperlo che amo essere sempre informato sulle ultime notizie».*

## Il consiglio dell'etologo

Il cane si fa un'idea del mondo attraverso l'olfatto. Come noi utilizziamo la vista per fare le nostre ricognizioni, il cane annusa per avere un quadro preciso della situazione in cui si trova. Quando lo portiamo in un luogo sconosciuto, dobbiamo dargli il tempo di rendersi conto dell'ambiente facendolo annusare. Nella passeggiata quotidiana per lui è di fondamentale importanza leggere le tracce olfattive lasciate dagli altri cani: è come ascoltare il notiziario. Non va mai dimenticata la natura sociale del cane e annusare gli angolini risponde appunto a un'esigenza sociale. Purtroppo gli odori che il cane predilige sono quelli che parlano della presenza di altri animali, pertanto urina, feci, resti organici. Non dobbiamo perciò meravigliarci se dedica la sua attenzione proprio alle cose che a noi suscitano maggiore disgusto e se, non appena lavato, si va a «profumare» strusciandosi su una carogna o su un escremento.

I giochi olfattivi sono molto importanti sia per lo sviluppo del cucciolo sia per il benessere dell'adulto.

Non ci vado! Questo posto non mi piace!
CLINICA VETERINARIA

Nello sviluppo il gioco olfattivo offre due importanti contributi:

• L'educazione alla calma, poiché annusando il cucciolo si abitua a rimanere in uno stato di modica attivazione.

• L'arricchimento delle conoscenze, perché l'immaginario si costruisce attraverso la sensorialità privilegiata, per l'uomo la vista e per il cane l'olfatto.

Il gioco olfattivo e i giochi di ricerca sviluppano inoltre nel cane la capacità esplorativa e l'abilità nel ritrovare i target nascosti.

I giochi olfattivi inoltre sono importanti anche per il suo benessere perché riducono l'inquietudine, danno gratificazione, aumentano l'autoefficacia e suscitano emozioni positive.

***VEDI*** > CALMA P. 62; ESPLORAZIONE P. 84; FEROMONI P. 298; GIOCO P. 101; MARCATURA P. 117; OLFATTO P. 239; PROFUMO P. 247.

**ANORESSIA. Perdita o diminuzione dell'appetito che possono essere causate da farmaci, disturbo del comportamento o malattia.**

- **LA SITUAZIONE TIPO:** il cane, magrissimo, davanti alla propria ciotola non mangia.
- **A COSA PENSA IL CANE:** «*Io non ho appetito*».

## Il consiglio del medico veterinario

Lo scarso appetito del cane è associato ad altri sintomi: aumento della sete, diarrea, vomito, starnuti, salivazione, tosse, difficoltà a urinare, problemi comportamentali... Non aspettate: consultate rapidamente il vostro medico veterinario.

Lo scarso appetito che segue un evento traumatico nella vita del cane (separazione dalla madre o dai fratelli e sorelle, perdita del proprio umano o di un compagno di giochi, abbandono) può essere causato da una depressione acuta.

Consultate rapidamente il medico veterinario.

**In tutti i casi, non somministrate mai medicinali: potrebbero nuocergli e/o nascondere la malattia ritardandone la diagnosi.**

***VEDI*** > COPROFAGIA P. 70; DEPRESSIONE P. 72; DISTACCO P. 224; PROBLEMI COMPORTAMENTALI P. 244; RITO ALIMENTARE P. 152.

Sono mostruoso!
Ho tonnellate
di ciccia...
CHIENS
DOG MAG

**ANSIA. Sintomo che indica una condizione di disagio emozionale caratterizzato dalla tendenza a mettersi in allarme per un evento prossimo venturo.**

- **LA SITUAZIONE TIPO:** il cane fa danni in casa quando il partner umano esce.
- **A COSA PENSA IL CANE:** «*Aiuto, mi hanno abbandonato!*».

## Il consiglio del medico veterinario

L'ansia è uno stato problematico, sintomo principale di varie tipologie di disagio in cui a prevalere sono i comportamenti di ricerca, una forte oralità da cui la tendenza alla distruttività, atteggiamenti conflittuali, esplosioni di panico, irritabilità, espressioni sostitutive, eventi neurovegetativi come scialorrea o diarrea. È l'esito di una marcatura emozionale fortemente negativa di una situazione tipo (il rimanere solo in casa o l'attività richiesta sul campo di agility) associata al ricordo dell'incapacità-difficoltà di far fronte allo scacco subito.

L'ansia è uno stato di anticipazione emozionale che vede il soggetto mettersi in allarme allorché avverte dei segnali che preannunciano l'avvento della situazione-evento problematico. Può avere differenti fattori causali che possono agire singolarmente o in sinergia:

- Un'alterazione del processo di attaccamento con esito di un profilo insicuro.
- La permanenza in una situazione fortemente problematica che il soggetto non è riuscito a superare.

Chi è?
TOC
TOC
TOC

• La comunicazione ansiogena da parte dell'umano che si aspetta una particolare prestazione dal proprio cane.

L'ansia ha nella maggior parte dei casi una natura comunicativa, è cioè il partner umano che trasmette ansia perché senza volere focalizza sul problema. Si combatte spostando l'attenzione del cane dal problema ed evitando i rituali, vale a dire quelle sequenze di comportamenti fortemente ripetitivi che lo portano in una situazione emozionale negativa. Nell'ansia da separazione, per esempio, è necessario evitare il rituale di saluto e far sì che alcuni segnali, come il mettersi le scarpe o il cappotto, non siano più seguiti dall'uscire, in modo tale da rompere il corto circuito anticipatore. Anche l'uscita può essere momentanea (esco, attendo pochi minuti e rientro), in modo da rompere la focalizzazione ansiogena sulla porta.

Attenzione: è il partner umano che prima di tutto deve tranquillizzarsi e abbassare il carico sul cane e sul problema (non deve cercare di risolvere tutto subito, per esempio) se vuole evitare la comunicazione ansiogena. Al ritorno non deve badare ai riscontri distruttivi e mettere a posto solo in un secondo momento, evitando di sgridare il cane che non ha agito per dispetto. In casa il suo rapporto deve cambiare, evitando le morbosità e favorendo nel cane la capacità di stare tranquillo e calmo sulla copertina mentre lui sbriga le faccende.

***VEDI*** > COMUNICAZIONE NON VERBALE P. 210; EMOZIONI P. 81; FOBIA P. 86; MORDICCHIARE P. 126; PROBLEMI COMPORTAMENTALI P. 244; RITUALE P. 263.

**APPRENDIMENTO. Modalità attraverso cui il cane si costruisce un pacchetto di conoscenze riguardante il suo rapporto con il mondo.**

- **LA SITUAZIONE TIPO:** il cane prova a mettere in atto una certa attività, per esempio raspare sulla porta, per poter andare fuori.

- **A COSA PENSA IL CANE:** *«Forse è questo il modo per poter fare aprire la porta»*.

## Il consiglio dell'etologo

Apprendere è un bisogno di base del cane mosso dal tentativo di aderire allo stile del gruppo, dalla necessità di uscire da situazioni di scacco, dal desiderio di ricevere delle gratificazioni. Ha bisogno di apprendere per completare la sua identità di specie e per acquisire le competenze di adattamento all'ambiente di vita.

Nell'approccio cognitivo l'apprendimento è una modificazione delle conoscenze interne del soggetto: possiamo dire che ogni apprendimento coinvolge tutta la mente del cane e ne modifica l'intera struttura. Le conoscenze non sono automatismi ma dotazioni che il cane utilizza in una molteplicità di modi per interpretare la situazione e per costruire nuove conoscenze.

Pertanto nella visione cognitiva l'apprendimento:
- Non è mai passivo ma richiede un lavoro mentale.
- Sempre si appoggia sulle conoscenze precedenti o già possedute.

• Dà luogo a mappe di utilizzo, dotazioni di cui il cane è titolare e il cui utilizzo consente un margine di libertà.

Per favorire l'apprendimento occorre:

• Far sì che l'attività didattica segua le motivazioni tipiche della specie e sia inserita in una situazione emotivamente positiva.

• Organizzare l'attività didattica secondo le motivazioni di specie, ovvero gettare le basi per il consenso.

• Inserirlo in una situazione marcata con emozioni positive.

• Assicurarsi che il cane sia in uno stato di calma.

• Favorire la disponibilità delle conoscenze utili per la costruzione della nuova conoscenza.

• Creare la corretta relazione tra docente e discente.

• Dare al cane il tempo per affrontare il problema con gradualità di acquisizione e di elaborazione.

• Farlo sentire capace.

• Fare in modo che ciò che è stato appreso abbia una qualche utilità per il cane.

Ogni volta che desideriamo che il nostro cane apprenda una particolare cosa, è necessario metterlo nelle migliori condizioni per imparare evitando tutto ciò che può distrarlo, disturbarlo o provocargli disagio. Teniamo presente che il cane apprende soprattutto nella vita quotidiana: è nello stile di vita, nell'ambiente di permanenza, nelle abitudini e nelle attività ordinarie di relazione (cosa si fa insieme, come si gioca, come si interagisce) che costruisce le sue conoscenze.

Apprendere significa anche dare sviluppo a una certa tendenza e/o collegarla ad altre componenti, per esempio collegare la motivazione predatoria a un certo target.

L'apprendimento può quindi rafforzare una tendenza (per esempio, la motivazione predatoria) o perché la si esercita (si gioca sempre a rincorrere gli oggetti in movimento) o perché la si collega a molte rappresentazioni di target (palline, bastoncini, sassi, biciclette ecc.).

Al contrario, l'apprendimento può disciplinare una certa tendenza perché la si collega a un target specifico (la pallina), a un particolare contesto di espressione (il campo), a un modo di metterla in pratica in un comportamento.

***VEDI*** > BOCCONCINO P. 196; BRAVO P. 58; GIOCO P. 101; MODELLAGGIO P. 119; MODELLAMENTO P. 121.

**AROUSAL. Stato di attivazione emozionale del cane in una scala che va dall'eccitazione (alto arousal) all'apatia (basso arousal).**

- **LA SITUAZIONE TIPO:** il cane sta tutto il tempo in casa da solo.
- **A COSA PENSA IL CANE:** *«Che noia, qui il tempo non passa mai».*

## Il consiglio dell'etologo

Preoccuparsi del livello di attivazione del proprio cane è importante perché se l'arousal è troppo alto, ovvero in eccitazione, il cane è inquieto; se, al contrario, è troppo basso, ovvero in apatia, si annoia. Solo uno stato di arousal intermedio è sinonimo di benessere per il cane e solo in questa condizione l'animale ha il giusto livello di attenzione e concentrazione, ovvero è nelle condizioni di apprendere.

La situazione di arousal intermedio prende il nome di stato di calma e per questo è molto importante educare il cucciolo alla calma e favorire lo stato di calma. Le diverse razze prevedono tendenze specifiche in fatto di arousal: per esempio, i terrier propendono per l'eccitazione mentre il terranova per l'apatia.

Per questo il lavoro pedagogico sarà differente nelle varie razze per promuovere un corretto stato di calma. In certi casi sarà necessario aumentare un po' lo stato di arousal e lo si farà attraverso il gioco, il movimento, le novità; in altri casi sarà necessario abbassare lo stato di arousal attraverso la ricerca olfattiva e il massaggio.

È anche importante che lo stato di attivazione non sia fluttuante per evitare i continui sbalzi di umore del soggetto. Il processo che stabilizza l'arousal è l'attaccamento, pertanto occorre:

- Non allontanare il cucciolo prima dei 2 mesi dalla madre.
- Perfezionare il processo di attaccamento nei 2 mesi successivi all'adozione.

***VEDI*** > RAZZE P. 148; IPERATTIVITÀ P. 108; ATTENZIONE P. 50.

**ARTROSI. Malattia degenerativa della cartilagine articolare a decorso cronico che riduce la mobilità.**

- **LA SITUAZIONE TIPO:** il cane anziano sale le scale lentamente e con difficoltà.
- **A COSA PENSA IL CANE:** *«Maledette scale, che fatica salire!»*.

## Il consiglio del medico veterinario

L'artrosi è un disturbo frequente nei cani anziani. È causata dalla distruzione della cartilagine articolare e dalla formazione di produzioni ossee periarticolari (osteofite), visibili con radiografia. All'inizio, essa si manifesta con difficoltà a salire le scale, o a salire in macchina, e zoppicamento, soprattutto quando il tempo è freddo e umido. Nell'ultima fase del decorso, lo zoppicamento diventa permanente, l'animale soffre e a causa del dolore, può avere comportamenti aggressivi.

L'artrosi viene curata con antinfiammatori per alleviare il dolore e farmaci che nutrono, proteggono e rinforzano la cartilagine per limitare le lesioni e migliorare le funzioni dell'arto. È fondamentale che gli animali obesi siano messi a dieta per alleggerire il peso sulle articolazioni.

***VEDI*** > DOLORE P. 80; BULIMIA P. 60; RITO ALIMENTARE P. 152; VETERINARIO (MEDICO) P. 177.

Freddo e umido, non vanno bene per i nostri vecchi dolori!

**ATTACCAMENTO. Processo evolutivo che consente di costruire il profilo affettivo, lo stato di sicurezza-autonomia e il piano di esperienza del cane.**

- **LA SITUAZIONE TIPO:** il cucciolo di notte piange perché lasciato da solo in garage.
- **A COSA PENSA IL CANE:** «*Aiuto, mi hanno abbandonato!*».

## Il consiglio dell'etologo

L'attaccamento è un processo evolutivo che dura circa 5 mesi e che si propone di realizzare l'autonomia del cane (essere in grado di restare da solo per qualche ora), la competenza (conoscere il mondo e sapere come ci si deve comportare), la struttura relazionale (come costruire i rapporti affiliativi e sociali). Solo all'approssimarsi dell'età adolescenziale, intorno al 5° mese, il processo arriva a completamento e si verifica il distacco, un evento che non sancisce la rottura del legame di amicizia ma che lo trasforma da parentale a sociale. Il distacco è pertanto un evento fondamentale per evitare che il cane da adulto soffra di ansia e non abbia quell'autonomia e quella sicurezza che gli consentono di stare bene nel mondo e nelle relazioni.

Quando all'età di 2 mesi il cucciolo viene adottato, non ha ancora maturato il distacco per cui non si può pretendere di lasciarlo dormire da solo: nei primi tempi siamo chiamati ad assolvere il compito genitoriale. Diversamente, piangerà poiché non è ancora in grado di affrontare la situazione; se lo sgrideremo, aumenteremo in lui la paura contrastando invece di favorire il distacco.

Per strutturare il distacco è necessario nei primi giorni dormire accanto a lui nella stanza dove posizioneremo la sua brandina. Nelle prime settimane dopo l'adozione è inoltre importante abituarlo a stare sulla copertina rosicchiando un ossetto mentre restiamo nella stanza a sbrigare le faccende, utilizzare degli oggetti che ricordano il rapporto con noi e che lo rassicurano del patto di vicinanza. Giorno dopo giorno, aumenteremo le distanze favorendo la sua autonomia mentre prende sempre più confidenza della casa. Per favorire il distacco, dovremo essere molto presenti nel primo mese post adottivo evitando di essere morbosi ma, al contrario, favorendo autonomia e sicurezza.

***VEDI*** > ACQUIETAMENTO PP. 186, 282; AROUSAL P. 44; DISTACCO P. 224; EPIMELETICO P. 226.

**ATTENZIONE. Si intendono sia la focalizzazione del cane verso qualcosa e la sua capacità di raccogliere le informazioni, sia l'interesse dell'uomo rivolto al cane.**

- **LA SITUAZIONE TIPO:** il cane abbaia e il suo partner umano gli urla di smettere.
- **A COSA PENSA IL CANE:** *«Sì, guardami, è la cosa che preferisco!».*

## Il consiglio dell'etologo

Il cane ha una socialità prettamente operativa; il suo modo di condividere e convivere è concentrato sul fare insieme. Per questo la nostra attenzione rappresenta l'assenso, un modo per dire sì e non può essere utilizzata per diminuire un particolare comportamento. Purtroppo è molto difficile non dare attenzione a un comportamento sgradevole, ma così facendo andremo a favorirlo. Il cane è affamato della nostra attenzione al punto tale che alcuni hanno imparato che se stanno male ottengono una maggiore dose di attenzione, arrivando persino a simulare: per esempio, continuano a zoppicare dopo il periodo di convalescenza solo se siamo presenti.

La gestione corretta dell'attenzione rappresenta pertanto uno dei fondamenti pedagogici e occorre imparare a concedere e a negare l'attenzione al cane esattamente come se si trattasse di un premio alimentare: diamo attenzione tutte le volte che fa qualcosa di positivo o semplicemente desiderato e, viceversa, togliamogliela ogni volta che fa qualcosa di sbagliato. L'attenzione definisce anche la capacità del cane di focalizzarsi su qualcosa e di raccogliere le informazioni presenti nel mondo.

Per avere una buona capacità di attenzione il cane deve essere modicamente attivato per evitare sia lo stato apatico che quello distratto. Per favorire un'attenzione mirata è importante saper ingaggiare il cane, ovvero indirizzarlo su un obiettivo chiaro o su un'attività che conosce.

***VEDI*** > AMICIZIA P. 31; APPRENDIMENTO P. 41; BRAVO P. 58; CENTRIPETAZIONE P. 202; RINFORZO P. 259; SIMULAZIONE P. 160.

**AUTOMOBILE. Macchina che serve agli umani per compiere gli spostamenti e ai cani per ammirare il paesaggio.**

- **LA SITUAZIONE TIPO:** il cane davanti al finestrino si gode il paesaggio.
- **A COSA PENSA IL CANE:** *«Finalmente tutto il mondo si è messo in movimento»*.

## Il consiglio dell'etologo

Se il cane è ben socializzato all'automobile, un viaggio non troppo lungo è gradito soprattutto se precede una bella passeggiata in campagna. I viaggi lunghi sono stancanti per il cane perché lo sovrastimolano e lo costringono in una situazione dove le possibilità di movimento sono estremamente limitate. Altre volte l'auto può diventare un'esperienza molto penosa per il cane: può indurre vomito, mettere ansia, stimolare delle paure o delle diffidenze.

La paura dell'automobile va affrontata con estrema gradualità evitando la fretta, pur comprensibile, di portare subito il cane con noi. Si rischierebbe infatti di accrescere questa paura, ovvero di traumatizzare il cane con il risultato di dover poi ricorrere a uno specialista del comportamento.

Innanzitutto, è necessario suddividere le diverse fonti che mettono paura o disagio al cane (salire nel veicolo, abituarsi al rumore del motore e alle vibrazioni, sopportare di stare su un oggetto in movimento) facendogli prendere confidenza con questi stimoli uno alla volta. All'inizio è sufficiente che il cane con l'ausilio del bocconcino si avvicini soltanto all'automobile, poi che impari a salire dentro l'abitacolo senza che il portellone si chiuda dietro di lui, quindi che si abitui a stare nell'abitacolo chiuso e via di seguito.

Una volta che il cane si sarà abituato a stare nell'abitacolo, puntualmente ne farà il proprio territorio e allora guai a chi si avvicina.

***VEDI*** > APPRENDIMENTO P. 41; BOCCONCINO P. 196; ESPLORAZIONE P. 84; FOBIA P. 86.

**BAMBINO. Piccolo umano da incontrare con cautela o da evitare.**

- **LA SITUAZIONE TIPO:** il bambino salta sopra il cane o gli tira la coda.
- **A COSA PENSA IL CANE:** *«Che maleducato! Le nostre madri sono più severe».*

## Il consiglio dell'etologo

Il rapporto tra un cane e un bambino è sicuramente un'esperienza preziosa per entrambi che, tuttavia, va opportunamente controllata e indirizzata da parte dell'adulto.

Innanzitutto, non bisogna mai lasciare solo con il cane un bambino al di sotto dei cinque anni, per evitare qualunque situazione critica ai danni di uno dei due. Inoltre, è necessario che sia l'adulto a prendersi la responsabilità dei bisogni del cane pur coinvolgendo in alcune attività il bambino, che non ha ancora la consapevolezza empatica e la diligenza richieste nell'accudimento. È indispensabile anche insegnare ai bambini i modi corretti di approcciare un cane evitando comportamenti alla base di fraintendimenti e conflitti.

I bambini sono purtroppo le vittime più frequenti di aggressioni proprio perché il loro comportamento è spesso inadeguato. Non dimentichiamo poi la loro mole più ridotta, il fatto di avere la faccia a portata di bocca del cane, l'incapacità di autocontrollo, il non rispetto dei tempi e degli spazi dell'animale. Anche la carente organizzazione motoria del cucciolo umano, per esempio l'ipercinesi o la dismetria, sono fonti di malintesi e per questo è indispensabile la presenza dell'adulto. Alcuni cani inoltre non hanno avuto una perfetta socializzazione con i bambini, pertanto il loro correre, la presenza di oggetti in movimento come palloni o frisbee, le vocalizzazioni acute, il buttarsi per terra o il gattonare possono suscitare comportamenti predatori.

Prendendo un cucciolo al bambino come regalo di Natale o di compleanno, molti genitori danno un'immagine distorta del cane, assimilato a un giocattolo con cui il bambino pretende di divertirsi. Il bambino diverte il cane ma può anche stressarlo perché lo stimola in modo eccessivo e non gli permette di avere dei momenti di riposo. Il cucciolo, peraltro, ha bisogno di essere educato e uno dei percorsi pedagogici più importanti è l'educazione alla calma, all'autocontrollo, alla riflessività, alla strutturazione dei comportamenti.

***VEDI*** > AGGRESSIONE PREDATORIA P. 19; ALTERITÀ P. 29; MALTRATTAMENTO PP. 114, 337.

**BRANDINA. Luogo confortevole dove il cane si sente a proprio agio.**

- **LA SITUAZIONE TIPO:** il cane sta sgranocchiando un ossetto sulla sua brandina.
- **A COSA PENSA IL CANE:** *«Non ci sono per nessuno!»*.

## Il consiglio dell'etologo

Una delle prerogative più importanti per il cane è poter contare su un luogo tutto suo dove ha la certezza di non essere disturbato. Spesso non ci rendiamo conto che anche il cane ha bisogno dei suoi momenti di privacy. La brandina deve rappresentare un luogo-rifugio e non deve essere posizionata in luoghi poco tranquilli o dove il cane si sente chiamato a svolgere un'attività di vigilanza.

È importante sistemarvi una copertina che riporta i suoi odori, da utilizzare quando si porta il cane in trasferta. In tal modo sarà possibile ricreare lo stato di tranquillità in qualunque luogo dando al cane un riferimento certo. È utile premiare il cane sulla copertina tutte le volte che si stende e si mette tranquillo. Se stiamo mangiando, evitiamo di dargli un po' di cibo quando viene verso di noi e, viceversa, premiamolo con un bocconcino se resta tranquillo sulla sua brandina.

Sulla copertina il cane non deve essere disturbato: per mettergli la pettorina, per fargli le coccole, per spazzolarlo, per giocare con lui sarà necessario prima di tutto chiamarlo fuori dalla sua zona privata.

***VEDI*** > CALMA P. 62; SONNO P. 162.

**BRAVO. Segnale che indica consenso, vale a dire apprezzamento del gruppo umano per quello che il cane ha fatto.**

- **LA SITUAZIONE TIPO:** il cane supera un ostacolo e ci guarda per chiedere apprezzamento.
- **A COSA PENSA IL CANE:** *«Perfetto, sono contento che sei orgoglioso di me!»*.

## Il consiglio dell'etologo

Il bravo è un premio molto importante per il cane ma il suo significato è assai differente dal bocconcino: è un consenso, e il cane impara molto presto a considerarlo tale, e come tale lavora sull'autoefficacia più che sull'ingaggio. L'autoefficacia è la percezione che il cane ha di se stesso come in grado di affrontare i problemi che il mondo gli pone. Ogni riscontro di autoefficacia pertanto aumenta l'autostima del cane che si sente sempre più apprezzato dal gruppo e sicuro nelle circostanze ordinarie della vita.

Nelle situazioni di insicurezza, timidezza, diffidenza e persino nelle problematiche di fobia o di ansia, il lavoro sull'autoefficacia è fondamentale perché lo aiuta ad affrontare i problemi di interazione con il mondo con spirito sereno. Nel lavoro sull'autoefficacia non è importante l'obiettivo didattico quanto il contributo di fiducia che il cane riceve.

Gli esercizi di autoefficacia sono i seguenti: vengono presentate al cane attività che è già in grado di compiere e, una volta che le abbia realizzate, lo si gratifica con il bravo che va enfatizzato affinché il cane capisca che apprezziamo molto quello che ha fatto. Con molta gradualità si inseriranno prestazioni nuove, aumentando in questo modo l'esperienza del soggetto e la sua percezione di aver acquisito nuove abilità.

Per affrontare le situazioni di fobia o di ansia è importante impostare gli esercizi in quegli ambiti che non sono toccati dal problema: per esempio, nell'esercizio non va presentato il target che muove la fobia.

L'aumento di autoefficacia non lavora sul problema quanto sulla fiducia in se stesso e sulla marcatura con emozioni positive delle attività compiute dal cane. Solo una volta rafforzata la sua autostima, è possibile affrontare il problema specifico.

***VEDI*** > ANSIA P. 38; APPRENDIMENTO P. 41; FOBIA P. 86; RINFORZO P. 259.

**BULIMIA. Disturbo del comportamento alimentare che si manifesta ingerendo una grande quantità di cibo.**

- **LA SITUAZIONE TIPO:** il cane, ansioso e obeso, ingoia avidamente tutto il cibo nella ciotola.
- **A COSA PENSA IL CANE:** *«Mangiare mi consola»*.

## Il consiglio del medico veterinario

La bulimia può essere provocata da una razione troppo appetitosa o non sufficientemente ricca (da qui il sentirsi obbligati a consumare in abbondanza), ma a volte è rilevatrice di uno stato ansioso o di una depressione. Dà la possibilità al cane di alleviare il proprio malessere. È anche una caratteristica frequente del cane iperattivo: incapace di controllarsi, questi ruba il cibo e divora tutto quello che trova, anche se non è commestibile.

Altre patologie si manifestano con un feroce appetito. È il caso del parassitismo intestinale, soprattutto nei cuccioli. L'animale è famelico ma non ingrassa, in quanto i parassiti si nutrono in parte della sua razione. Ricordiamo anche l'insufficienza pancreatica, che riduce la capacità del cane di digerire gli alimenti; il diabete, sempre più diffuso, che si manifesta con un aumento concomitante della sete, e più raramente alcune malattie ormonali (ipertiroidismo, sindrome di Cushing).

Sarà quindi necessario sottoporlo agli esami di laboratorio prescritti dal medico veterinario.

### Non coccolateli troppo!

L'obesità può avere conseguenze pericolose sulla salute del cane: patologie cardiache, diabete mellito, problemi articolari e ossei per esempio.

Sovrappeso e obesità non devono quindi essere trascurati. La quantità di cibo deve essere accuratamente controllata così come il necessario esercizio fisico che il cane deve svolgere quotidianamente.

***VEDI*** > ANORESSIA P. 36; ANSIA P. 38; DEPRESSIONE P. 72; RITO ALIMENTARE P. 152; VETERINARIO (MEDICO) P. 177.

**CALMA. Stato di modica attenzione e di buona concentrazione che evita sia la noia che l'inquietudine, abbassando la tendenza di ricerca del cane.**

- **LA SITUAZIONE TIPO:** il cane sulla sua copertina sta sgranocchiando un ossetto.
- **A COSA PENSA IL CANE:** «*Che bella la vita da cani!*».

## Il consiglio dell'etologo

Educare il proprio cane alla calma è il modo migliore per farlo stare bene e per ridurre alcune tra le problematiche gestionali più comuni, per esempio quelle relative all'ipersensibilità, all'eccesso motorio o reattivo, al comportamento impulsivo.

Molte persone senza rendersene conto eccitano il cane perché si relazionano sempre con lui attraverso il movimento, la sfida, lo scherzo, il gioco performativo, la voce alta e concitata oppure perché premiano il cane tutte le volte che questi va in eccitazione. La situazione tipica è l'entrata in casa, situazione che inevitabilmente eccita un po' il cane: in genere le persone non lo calmano, ma aumentano la sua eccitazione attraverso il movimento, la voce acuta, l'aumento di attenzione.

In altre circostanze, soprattutto quando in casa ci sono dei bambini, il modo interattivo è soprattutto eccitatorio perché basato sul gioco e sulla corsa.

Anche l'eccesso di stimoli, come il restare perennemente davanti al cancello, alla finestra o sul balcone, può eccitare il cane.

Pertanto, se è vero che esistono razze con una maggiore propensione all'eccitazione (pensiamo ai border collie o ai terrier), è altrettanto vero che molto spesso non vi è alcuna educazione alla calma ma un'azione di rinforzo sullo stato eccitatorio.

L'educazione alla calma si basa su diversi aspetti:

- Gli esercizi di calma.
- Gli stili di calma.
- Le condizioni di calma.

Gli esercizi di calma sono attività che abbassano l'arousal del cane, come la ricerca olfattiva o il massaggio, e situazioni che strutturano lo stato di calma, per esempio il lavoro sulla copertina, dove si va a premiare il cane quando se ne sta tranquillo sulla sua copertina.

Gli stili di calma devono necessariamente essere assunti dal partner umano, per esempio: parlare a bassa voce, non agitarsi troppo, non fare solo giochi eccitatori, non dare attenzione ai comportamenti frenetici, non fare i rituali di saluto se il cane presenta un livello di attivazione già alto.

Le condizioni di calma riguardano l'ambiente di vita e si raggiungono evitando frastuoni, eccessi stimolativi, mancanza di un luogo di rifugio per il cane.

***VEDI*** > APPRENDIMENTO P. 41; BRANDINA P. 56; GIOCO P. 101.

**CASTRAZIONE. Operazione che ha lo scopo di asportare gli organi riproduttori del cane.**

- **LA SITUAZIONE TIPO:** assolutamente indifferente, il cane castrato vede passare una femmina in calore.
- **A COSA PENSA IL CANE:** *«La cosa mi è del tutto indifferente».*

## Il consiglio del medico veterinario

Nel maschio la castrazione consiste nell'asportazione chirurgica dei testicoli. Ha come conseguenza la diminuzione del tasso di ormoni sessuali in circolo. Viene spesso consigliata, a torto, per trattare i comportamenti indesiderati, in particolare l'aggressività. In realtà, la sua azione si limita ai disturbi per i quali la riduzione del tasso di ormoni sessuali ha un impatto diretto sul comportamento, come il comportamento sessuale o l'aggressione da irritazione.

La castrazione non ha, per contro, alcun effetto sull'ipersensibilità-iperattività, l'ansia da separazione, i disturbi di origine emotiva, le conseguenze di una cattiva educazione, e molto pochi sui disturbi dell'organizzazione gerarchica.

Una volta che il cane è stato castrato, il suo appetito aumenta e i bisogni energetici diminuiscono di circa il 20%. È dunque indispensabile ridurre l'apporto calorico per mantenerne il peso forma.

Per questo motivo, la cosa migliore da fare (piuttosto che diminuire la quantità di cibo somministrato) è sostituire la sua razione con un'altra energeticamente meno concentrata in modo d'apportare meno calorie in un volume uguale, se non superiore, alla sua razione iniziale. Per mantenere il peso forma è importante anche un'adeguata attività fisica.

**VEDI** > SESSUALITÀ P. 266; STERILIZZAZIONE P. 275; MARCATURA P. 117; MONTA PP. 123, 308.

**CITTÀ. Agglomerato relativamente importante che ha un'attività sviluppata.**

- **LA SITUAZIONE TIPO:** il cucciolo, appena giunto dalla campagna, rannicchiato in un angolo dell'appartamento, si rifiuta di uscire in strada.
- **A COSA PENSA IL CANE:** «*Tutta quest'agitazione è troppa per me*».

## Il consiglio dell'etologo

Avendo vissuto i primi mesi di vita in un ambiente protetto, il cucciolo subisce uno shock quando arriva in città. È un po' come se un pastore di montagna dovesse prendere il metro all'ora di punta! Abituato ai cinguettii degli uccellini, non è in grado di sopportare il baccano cittadino.

Se dopo una settimana (tempo necessario per adattarsi), e nonostante gli sforzi, il cucciolo non si abitua alla sua nuova vita, è indispensabile consultare il medico veterinario che l'aiuterà con una terapia comportamentale. Non aspettate che finisca l'infanzia: con la pubertà, le possibilità di guarigione si riducono notevolmente.

***VEDI*** > CONOSCENZE P. 218; ESPLORAZIONE P. 84; FOBIA P. 86.

**COLPO DI CALORE. Malessere fisico provocato da calore eccessivo.**

- **LA SITUAZIONE TIPO:** dentro la macchina con i finestrini chiusi, in pieno sole, il cane ansima, saliva e tira la lingua fuori.
- **A COSA PENSA IL CANE:** *«Ho sete e muoio dal caldo»*.

## Il consiglio del medico veterinario

Il cane non traspira. Il solo modo che ha di raffreddarsi è di eliminare vapore acqueo dalle vie respiratorie ansimando. Quando il cane è sottoposto a uno sforzo fisico intenso in estate, o lasciato solo in auto in pieno sole, le capacità naturali di raffreddamento diventano velocemente inefficaci. La temperatura corporea aumenta: è il colpo di calore.

I primi sintomi sono l'aumento della frequenza respiratoria e la salivazione abbondante. Se non si prendono provvedimenti, la temperatura del cane può raggiungere i 43°C. L'animale entra allora in coma e muore. I cani più esposti sono quelli a muso corto (bulldog francese, boxer, pechinese...), dal manto spesso (chow-chow, terranova, collie...), obesi o affetti da insufficienza cardiaca o respiratoria.

## Per evitare il colpo di calore in estate

Se è a pelo lungo, fate toilettare il cane prima dell'arrivo dell'estate. Fatelo bere regolarmente durante la giornata. Non lasciatelo mai solo in automobile, anche se con i finestrini aperti (sono sufficienti pochi minuti per trasformare l'auto in un forno mortale). Se fa molto caldo, lasciate il cane a casa in una stanza fresca e ventilata. In spiaggia, oltre all'acqua, fategli il bagno regolarmente e lasciategli un angolino d'ombra sotto l'ombrellone. Evitate tutti gli sforzi fisici durante le ore più calde della giornata (tra le 11 e le 16).

### In caso di colpo di calore

Mettetegli delle borse di ghiaccio sull'addome e sulla testa, e portatelo rapidamente dal medico veterinario.

L'obiettivo è di riportare il più velocemente possibile la temperatura corporea del cane a 39 °C, non al di sotto. Portatelo all'ombra. Bagnatelo o immergetelo completamente nell'acqua fredda (20 °C), poi fategli prendere dell'aria.

**VEDI** > MALTRATTAMENTO PP. 114, 337; VETERINARIO (MEDICO) P. 177.

## COPROFAGIA. Ingestione delle feci.

- **LA SITUAZIONE TIPO:** il cucciolo si accinge a mangiare la propria cacca.
- **A COSA PENSA IL CANE:** «*Guarda, questa ha l'aria appetitosa*».

### Il consiglio del medico veterinario

La coprofagia è un comportamento normale nella cagna che allatta. Gira i piccoli sulla schiena, lecca loro il ventre e la regione situata tra l'ano e i genitali e ingoia gli escrementi. Questa posizione particolare (sulla schiena) diventerà nell'adulto quella di sottomissione. Nel cucciolo, il vizio poco invitante di mangiare le proprie feci è dovuto alla sua naturale curiosità. Spesso cessa a partire dal 4° mese di vita.

Non punitelo quando fa i bisogni in vostra assenza: correte il rischio che associ la vostra collera alla presenza di escrementi e di conseguenza li mangerà. Evitate anche di pulire in sua presenza: potrebbe credere che sia un gioco e li farà sparire prima di voi.

Nell'adulto la coprofagia può essere sintomo di diverse patologie. Consultate il medico veterinario.

**VEDI** > RITO ALIMENTARE P. 152; SPORCARE P. 272; VETERINARIO (MEDICO) P. 177.

Che raffinatezza!

**DEPRESSIONE. Disturbo dell'umore (tonalità affettiva che colora la percezione del mondo) caratterizzata da mancanza di energia, perdita di interesse e disturbi del sonno e dell'appetito.**

- **LA SITUAZIONE TIPO:** il cane, insonne, passeggia e si lamenta senza motivo durante la notte.
- **A COSA PENSA IL CANE:** *«Non trovo più gusto nella vita»*.

## Il consiglio del medico veterinario

La depressione può fare la sua comparsa in seguito a uno stato ansioso trascurato o a un evento particolare: perdita dell'amico umano, abbandono, sospensione forzata di un'attività, cambiamento repentino d'ambiente, cure dolorose, arrivo di un nuovo cane. Può essere causata anche da malattie ormonali, lesioni o invecchiamento celebrale.

Il cane depresso presenta disturbi del sonno e dell'appetito (bulimia, anoressia), si lamenta di notte senza motivo apparente, mostra indifferenza all'ambiente che lo circonda e a volte mancanza di pulizia. Non ha più voglia di giocare e passa il tempo a leccarsi una zona particolare del corpo.

Bisogna far uscire il cane dal proprio mondo e stimolarlo con attività diverse (giochi, passeggiate), rispettarne il sonno e non sgridarlo se fa i bisogni dove non dovrebbe. Agite tempestivamente: presa in tempo, la depressione guarisce in pochi mesi. Non curata, diventa cronica. La cura sarà allora più lunga e i casi recidivi più frequenti. Ai primi sintomi consultate quindi un medico veterinario.

**_VEDI_** > ANSIA P. 38; MOTIVAZIONI P. 129; RITO ALIMENTARE P. 152; VETERINARIO (MEDICO) P. 177.

* Prozac: marchio depositato.

***Depressione da involuzione.*** **Stato depressivo cronico caratterizzato da regressione del comportamento (perdita della capacità di apprendimento, ricomparsa di comportamenti infantili).**

- **LA SITUAZIONE TIPO:** il cane anziano fa i bisogni nella cuccia e si fa sorprendere dal partner umano.
- **A COSA PENSA IL CANE:** *«Non trovo più gusto nella vita e per giunta nessuno mi capisce».*

## Il consiglio del medico veterinario

La depressione da involuzione colpisce i cani con più di 7 anni d'età. È provocata in gran parte dall'invecchiamento celebrale. È una patologia sempre più frequente legata al fatto che i nostri compagni animali hanno un'aspettativa di vita più lunga. Si manifesta come indifferenza all'ambiente circostante, disturbi del sonno con risvegli notturni, lamenti, perdita della capacità di apprendimento e una regressione a comportamenti da cucciolo (mancanza di pulizia, rosicchiamento di oggetti...). Un cambiamento drastico dei modi di vita può essere il fattore scatenante: sospensione forzata di un'attività, arrivo di un nuovo cane intraprendente che modifica la gerarchia stabilita...

Per curare questo tipo di depressione occorre un medico veterinario e si devono riprendere le attività praticate in precedenza (gioco, passeggiate, lavoro).

***VEDI*** > PROBLEMA COMPORTAMENTALE P. 244; VETERINARIO (MEDICO) P. 177.

Fantastico!
Non ho più fiuto,
perdo il pelo,
sono incontinente
e dovrei sentirmi
in gran forma?

**DISTANZA CRITICA. Limite che definisce una zona di cui il cane è titolare e che non deve essere oltrepassato se non si vuole suscitare una risposta avversativa.**

- **LA SITUAZIONE TIPO:** il cane fermo dentro un'automobile ringhia ai passanti che si avvicinano al finestrino.
- **A COSA PENSA IL CANE:** «*Guai a te se ti avvicini, mordo!*».

## Il consiglio dell'etologo

Per il cane lo spazio ha un'importanza fondamentale, essendo un animale territoriale portato quindi a organizzare le sue relazioni sociali anche sul piano delle distanze. Intorno al soggetto esiste pertanto come una bolla d'aria che gli appartiene e che non accetta venga invasa dagli estranei se non nel caso del corteggiamento o del confronto.

Tuttavia, se il cane è in una condizione di costrizione del suo spazio di movimento (all'interno dell'automobile oppure alla catena), la sua intolleranza aumenta. La territorialità viene peraltro accentuata dalla presenza di confini chiari come le pareti dell'automobile, le grate di un cancello o di un box, la ringhiera di un balcone. Anche i punti di passaggio, come la soglia di casa o una strettoia, costituiscono per il cane delle criticità di spazio: per questo è buona norma evitare di permanere col cane sulla soglia o sugli ingressi, soprattutto se incrociamo altri cani.

VIETATO
OLTREPASSARE

Quando incontriamo un'altra persona con il cane è pertanto indispensabile aumentare le distanze incurvando all'esterno quanto più ci si avvicina e nello stesso tempo allentando il guinzaglio proprio per rendere meno problematico l'incontro. Come abbiamo detto, quanto più il cane è costretto, tanto maggiori sono la distanza critica e la sua intolleranza verso le invasioni di spazio: purtroppo le persone fanno esattamente il contrario, ossia incurvano verso l'interno e tirano il guinzaglio rendendo l'incontro puntualmente problematico.

Per evitare le criticità riferibili allo spazio ridotto è meglio fare incontrare i cani in spazi aperti evitando di far conoscere due cani all'interno di una stanza o di un box angusto. Se vediamo il cane in difficoltà nell'incontro con un suo simile, lavorare sullo spazio, ovvero diminuendo la tensione del guinzaglio e aumentando le distanze, è il modo migliore per ridurre le problematicità.

***VEDI*** > ACQUIETAMENTO PP. 186, 282; GUINZAGLIO P. 235; MOTIVAZIONE P. 129; TERRITORIALITÀ P. 168.

**DOLORE. Sensazione spiacevole che si sente in una o più parti del corpo.**

- **LA SITUAZIONE TIPO:** il cane ferito - ha una frattura a un arto - ringhia e si rifiuta di farsi toccare.
- **A COSA PENSA IL CANE:** *«Mi fa troppo male».*

## Il consiglio del medico veterinario

Il cane sente il dolore nello stesso modo dell'essere umano e lo esprime in diversi modi:

Con il comportamento: è agitato, aggressivo o depresso. Trema o ha fremiti. Si nasconde in un angolo, non risponde se chiamato per nome, non reagisce ai rumori. Non riesce a prendere sonno.

Con il modo di muoversi: cammina a testa bassa, zoppica, ha la schiena curva, si muove lentamente, non salta più sul divano. Rifiuta di spostarsi e resta nella stessa posizione per molte ore.

Con le reazioni alle cure: si difende, si lamenta e trasalisce o adotta una posizione di sottomissione quando viene toccato. Lecca o morde la medicazione e cerca di togliersela.

Con l'appetito: non mangia o si ferma ogni due o tre bocconi. Dopo un intervento chirurgico, il controllo del peso è un buon criterio di valutazione del dolore.

Con il ritmo cardiaco e respiratorio: la frequenza cardiaca aumenta, il respiro è superficiale e accelerato. Le pupille sono dilatate.

***VEDI*** > MALTRATTAMENTO PP. 114, 337; VETERINARIO (MEDICO) P. 177.

**EMOZIONI. Disposizioni particolari di risposta alle situazioni che stanno per accadere.**

- **LA SITUAZIONE TIPO:** un ombrello si apre e il cane scappa via abbaiando.
- **A COSA PENSA IL CANE:** *«Aiuto, quello ce l'ha con me!»*.

## Il consiglio dell'etologo

Le emozioni rappresentano una delle componenti più importanti della vita mentale del cane. Attraverso esse dà un'interpretazione immediata di quello che gli sta accadendo e si mette nelle migliori condizioni fisiologiche e comportamentali per affrontare quella particolare situazione. Alcune emozioni come la paura aumentano il battito cardiaco, altre come il disgusto lo rallentano; certe emozioni come la rabbia rendono insofferenti a ogni interazione, altre come la festosità accrescono il desiderio di interazione. Sotto questo aspetto esistono emozioni positive che danno piacere e aumentano l'apertura del soggetto verso il mondo, ed emozioni negative che diminuiscono il piacere e chiudono la sua interazione.

Esistono stimoli che suscitano in modo innato certe emozioni: per esempio, è facile che un rumore improvviso o l'apertura di un ombrello suscitino la paura o che un invito al gioco da parte di uno sconosciuto induca gioia e festosità. D'altro canto, quando il cane viene a contatto con oggetti o situazioni nuove, a seconda di quello che gli procurano (piacere o sofferenza) verranno marcati con emozioni positive o negative e come tali verranno ricordati.

Per questo è importante marcare con emozioni positive tutti quegli oggetti e situazioni con cui il cane deve confrontarsi quotidianamente: l'automobile e i mezzi di trasporto, i locali aperti al pubblico, la presenza di bambini, l'incontro di persone o cani sconosciuti, gli oggetti di vestizione come la pettorina o la museruola, le biciclette e le carrozzine, la mano dell'uomo, l'ascensore, i rumori, il trasportino ecc. Si possono utilizzare stimoli piacevoli come il bocconcino o, in certi casi, la carezza.

Se il cane sta vivendo emozioni positive è più predisposto all'esplorazione, all'interazione, all'esperienza e quindi all'apprendimento: se vogliamo insegnargli qualcosa, dobbiamo preoccuparci che stia provando emozioni positive.

Le emozioni hanno anche un'importante funzione comunicativa e in genere si trasmettono per contagio; per questo per indurre nel nostro cane emozioni positive è importante che noi stessi ci poniamo in modo positivo.

La prevalenza di una disposizione emozionale positiva definisce il carattere del cane:

- Se prevalgono in lui le emozioni positive avremo un carattere fiducioso, aperto al mondo, giocoso, esplorativo, desideroso di entrare in relazione.
- Se prevalgono le emozioni negative avremo un carattere diffidente, chiuso e non interattivo.

Per favorire lo sviluppo di un carattere fiducioso è necessario mettere il cucciolo in condizioni piacevoli evitando di sottoporlo a stimoli che producono sofferenza, disagio, costrizione, vessazione e frustrazione. Per questo è molto importante che cresca con la madre nei primi 2 mesi e lo faccia in un ambiente arricchito. Successivamente è indispensabile che il compagno umano completi il processo di attaccamento dandogli sostegno e sicurezza e cercando di renderlo sempre più autonomo e, parallelamente, mettendolo in interazione con più stimoli possibili, soprattutto con oggetti-situazioni con cui si dovrà confrontare nella vita quotidiana.

Il primo anno di vita è centrale nello sviluppo emotivo del cane, e adottare un cucciolo richiede delle attenzioni anche per dare un equilibrio emotivo nella sua vita adulta.

***VEDI*** > APPRENDIMENTO P. 41; FOBIA P. 86.

**ESPLORAZIONE. Modalità attraverso cui il cane si fa un'idea dell'ambiente in cui vive e in cui opera con il suo gruppo umano.**

- **LA SITUAZIONE TIPO:** portato in un luogo nuovo, il cane inizia ad annusare dappertutto.
- **A COSA PENSA IL CANE:** *«Vediamo un po' cosa c'è di buono qui»*.

## Il consiglio dell'etologo

L'esplorazione rappresenta il modo attraverso cui il cane interagisce con il mondo mappandolo e attribuendogli un significato d'uso. Noi usiamo la vista e la rappresentazione visiva dell'ambiente, il cane viceversa esplora il mondo attraverso l'olfatto e la sua rappresentazione ha a che fare con gli odori di un ambiente. Si tratta di un monitoraggio molto più dettagliato, che tuttavia richiede più tempo: quando portiamo il nostro cane in un luogo nuovo dobbiamo dargli il tempo di esplorarlo col naso e quindi avere pazienza, perché a lui non sarà sufficiente un colpo d'occhio. La casa sarà suddivisa a seconda dei riscontri olfattivi presenti. Ci sarà la cucina al primo posto, luogo dove si prepara il pasto. Poi la zona di riposo, che riporta gli odori che appartengono al cane e che lo tranquillizzano perché rappresentano lo spazio privato. L'esplorazione più affascinante ed eccitante è sicuramente quella nel mondo esterno, lungo il percorso della passeggiata e nelle scorribande al parco o in un luogo sconosciuto. Nel cane l'esplorazione è un'esigenza fondamentale per avere una vita gratificante. I cani tenuti costantemente in casa, in un box o alla catena vanno in frustrazione proprio perché non possono mettere in atto il comportamento esplorativo. Frustrazione che cerca una compensazione nell'eccessiva ricerca sul corpo e pulizia del mantello (*autogrooming*): il cane può arrivare persino a provocarsi delle ferite o dei granulomi da leccamento oppure a togliersi il pelo da certe aree del corpo.

***VEDI*** > ANNUSARE PP. 33, 284; OLFATTO P. 239.

**FOBIA. Paura esagerata riferibile a una situazione, a un evento o a un oggetto specifico oppure stato generale di paura verso tutto ciò che è nuovo o non familiare.**

- **LA SITUAZIONE TIPO:** il cane è terrorizzato dall'aspirapolvere in funzione.
- **A COSA PENSA IL CANE:** *«Aiuto, è molto pericoloso!».*

## Il consiglio dell'etologo

Lo stato fobico è caratterizzato da una reazione esagerata e incontrollata di paura: il soggetto manifesta un comportamento emotivo, con perdita degli autocontrolli e risposte neurovegetative (rilascio di urina, feci, liquido delle ghiandole perianali, saliva) accanto alle normali espressioni di timore, quali orecchie abbassate e all'indietro, sguardo fisso, coda tra le zampe posteriori.

**Le fobie possono avere diverse origini:**

- Una mancata familiarità con oggetti, persone o situazioni.
- Un evento traumatico riconducibile a particolari oggetti, persone o situazioni.
- Un'alterazione del processo evolutivo, in particolare dei processi di attaccamento e di socializzazione.

Se il cane presenta problemi generalizzati di fobia la causa è in genere da ricondurre a un'alterazione evolutiva; se invece la fobia è suscitata da un target specifico, possiamo imputarla a un trauma o a una mancata familiarità. Le alterazioni evolutive possono riguardare l'attaccamento e/o la socializzazione e determinano una tendenza generale del soggetto alla risposta esagerata di paura.

La tua fobia dell'aspirapolvere è totalmente ingiustificata!

Il processo di attaccamento ha come finalità la costruzione di un profilo sicuro e autonomo e l'ampliamento delle sue conoscenze-competenze riferibili al mondo. Se il processo di attaccamento non viene compiuto in modo corretto, si vengono a determinare due effetti problematici:

- Una maggiore vulnerabilità riferibile all'insicurezza e al deficit di autonomia.
- Una minore socializzazione con la realtà esterna per deficit di sostegno affettivo all'esperienza del cucciolo.

Anche la socializzazione è un processo molto importante perché stabilisce:

- Le soglie di risposta agli stimoli di fondo e la capacità adattativa alle sollecitazioni.
- Le proprietà sociali del soggetto, soprattutto la capacità di incontrare gli estranei e di stare in gruppo.

Rispetto alle **soglie di risposta agli stimoli**, nei primi 2 mesi di vita il cucciolo si abitua a una certa entità degli stimoli ordinari: per esempio, se vive in un ambiente molto rumoroso posizionerà in alto la soglia di risposta per cui se verrà portato a vivere in città, non farà fatica ad adattarsi e non rischierà di stare costantemente in allerta. Se, viceversa, trascorre i primi 2 mesi in un ambiente silenzioso, posizionerà in basso la soglia di risposta e messo nel mezzo di una risposta, sarà costantemente in allarme.

Rispetto alle **proprietà sociali del soggetto**, un deficit di socializzazione può dare luogo a fobie sociali o relazionali riferibili a determinati partner (con i cani piuttosto che le persone) o a condizioni particolari (l'interazione diretta piuttosto che le situazioni affollate). Le fobie specifiche sono invece da attribuirsi a traumi o a mancanza di familiarità e in genere sono più facilmente affrontabili perché riguardano un target e non una condizione generale del soggetto.

**Per rendere il soggetto in grado di affrontare una fobia occorre agire su più fronti**:

- Lavorare sull'autoefficacia, aumentando l'autostima del soggetto, ossia la sua percezione di essere capace di affrontare il problema.
- Lavorare sull'interesse del soggetto verso il mondo, per esempio l'esplorazione attraverso la ricerca olfattiva di bocconcini, il trovare dei giocattoli, il cercare un oggetto specifico.
- Favorire la familiarizzazione con l'ente e la sua marcatura positiva attraverso la separazione delle qualità fobogene, quelle cioè che scatenano la fobia. Per esempio, l'aspirapolvere presenta almeno tre qualità fobogene: *a)* la forma dell'aspirapolvere, verso cui è necessario costruire una familiarizzazione quando non è in funzione attraverso dei bocconcini da posizionarle vicino; *b)* il rumore dell'aspirapolvere, che va registrato e presentato al cane a un volume ridotto esattamente come per i tuoni; *c)* il movimento dell'aspirapolvere che va provato con l'aspirapolvere non in funzione premiando il cane tutte le volte che resta calmo.

***VEDI*** > EMOZIONI P. 81; PROBLEMI COMPORTAMENTALI P. 244.

## FUGA. Situazione in cui si scappa dal proprio domicilio.

- **LA SITUAZIONE TIPO:** il cane ha sentito una femmina in calore e scava un buco sotto la rete del giardino per scappare.
- **A COSA PENSA IL CANE:** *«Cara, aspettami, arrivo!»*.

### Il consiglio del medico veterinario

Le ragioni che spingono alla fuga sono diverse:

#### Non conoscere i limiti del territorio

Quando i limiti non sono chiari, il cane li valica senza rendersene conto.

**La soluzione**: cingete con una rete o una siepe il giardino, e insegnate al cane a rispettare questi limiti. Se sta per attraversare la siepe, chiamatelo e proponetegli un'attività di relazione e di gioco con voi.

#### Attrazione per l'altro sesso

Un maschio è in grado di sentire una femmina in calore a parecchi chilometri di distanza.

**La soluzione**: la castrazione.

#### Mancanza di distrazioni

Le spazzature dei ristoranti, i «compagni» del quartiere, i bambini del vicinato, tutte buone ragioni per non restare ad annoiarsi in giardino, per quanto grande esso sia.

**La soluzione**: fategli fare lunghe passeggiate quotidiane, giocate con lui, praticate delle attività all'esterno.

#### Posizione sociale

Il cane leader decide di andare dove gli pare quando gli pare.

**La soluzione**: accreditatevi come coordinatori del gruppo.

### Adozione problematica

Un cane recentemente adottato presenta talvolta difficoltà a ricreare dei legami con i nuovi compagni umani. Senza un legame di riferimento, preferisce andarsene altrove.

**La soluzione**: attuate dei rituali comuni, mostrategli il vostro affetto, dategli un ruolo collaborativo.

### Senso dell'orientamento insufficiente

Può succedere che con l'età il cane perda il senso dell'orientamento e non riesca più a ritrovare la strada.

**La soluzione**: si tratta probabilmente dei primi sintomi di invecchiamento celebrale. Consultate il veterinario.

### La paura

Spaventato da un rumore sconosciuto (petardo, temporale…), il cane può tentare la fuga per scappare da ciò che lo terrorizza.

**La soluzione**: se la causa è perfettamente riconoscibile e rara (temporale), chiudetelo in casa preventivamente o abituatelo progressivamente. Altrimenti, consultate il medico veterinario.

### Assenza di controllo

Incapace di restare fermo, il cane scappa per soddisfare il proprio irrefrenabile bisogno di muoversi.

**La soluzione**: consultate il medico veterinario, soprattutto se, tra l'altro, il cane non controlla il proprio morso.

### Iperattaccamento

Sopraffatto dall'ansia perché il partner umano si è assentato, il cane può decidere di andare a cercarlo.

**La soluzione**: praticate il distacco.

### Cosa fare preventivamente

Identificare il cucciolo con il microchip, oltre a essere obbligatorio per legge, è il miglior modo per ritrovarlo in caso di fuga. Insegnategli a rispondere al richiamo dal 2° mese.

### Cosa non fare mai

Non punite il cane quando ritorna: la punizione non è efficace se non avviene nel momento in cui avviene il comportamento scorretto. Accoglietelo invece a braccia aperte.

**VEDI** > FOBIA P. 86; GERARCHIA P. 94; SESSUALITÀ P. 266.

Ti sembra questa l'ora di rientrare?

**GERARCHIA. Struttura sociale del gruppo che individua i diversi ruoli assunti da ciascuno.**

- **LA SITUAZIONE TIPO:** il cane sta davanti a tutti i membri della famiglia quando entra qualcuno.
- **A COSA PENSA IL CANE:** «*Tranquilli, ci penso io*».

## Il consiglio dell'etologo

Il mondo dei cani è fatto di ruoli perché il tipo di socialità caratteristico di questa specie è operativo: il gruppo si organizza come una squadra che deve agire con grande concertazione come un unico organismo. Tra i ruoli è previsto quello del caposquadra, ossia del coordinatore delle attività e delle relazioni del gruppo, da taluni definito in modo erroneo come dominanza. Infatti il caposquadra non domina gli altri, ma è al servizio del gruppo, lo deve proteggere e coordinare per poter far sì che la squadra sia vincente nel mondo.

È sempre il gruppo, ossia la famiglia, che dà al cane il ruolo di coordinatore attraverso degli indizi che singolarmente non avrebbero alcun effetto, ma che insieme e con reciproca coerenza indicano al cane che è lui che deve occuparsi del gruppo.

**Gli indizi più importanti riguardano la relazione**, per esempio:

• La gestione delle iniziative, se è sempre il cane che decide quando si inizia una certa attività (il gioco o l'interazione) e quando la si chiude.

• La gestione delle direzioni, se è sempre il cane che in passeggiata conduce il partner, lo precede e decide la direzione da prendere.

• I rituali di saluto all'ingresso in casa e le continue richieste di conferme affettive.

• Il successo nelle attività competitive, se è sempre il cane che alla fine l'ha vinta.

• La gestione della famiglia, se è il cane che gestisce i rapporti tra i membri interponendosi tra loro.

**Abbiamo poi indizi che riguardano le risorse**, per esempio:

• La gestione degli spazi strategici, come le aree sopraelevate o gli ingressi.

• La gestione del cibo, se non viene effettuato il corretto rituale del pranzo e il cane in qualunque momento può accedere alla fonte alimentare.

• Il possesso di oggetti, come giocattoli o altre cose che sottrae in casa.

Un cane che assume il ruolo di caposquadra si trova in una condizione molto difficile innanzitutto perché le persone hanno comportamenti contraddittori: ogni tanto gli danno la responsabilità di coordinamento e protezione, ma poi pretendono di gestirlo e condurlo. Possono così insorgere situazioni conflittuali che non di rado sfociano in aggressioni dimostrative.

Il cane che ha questo ruolo tende a mettersi sempre davanti al gruppo nelle relazioni con l'esterno e a occupare una posizione centrale quando esso è raccolto. La difficoltà gestionale, lo stato ansioso reiterato, il rischio di strumentalizzazione del morso rendono questa situazione difficile e portata a peggiorare, pertanto è necessario evitare comportamenti che stimolino nel cane l'assunzione di un ruolo coordinativo e intervenire quando si configuri questa situazione. Per togliere al cane questo duro compito è necessario mettere in campo una regressione sociale.

***VEDI*** > CENTRIPETAZIONE P. 202; COLLABORAZIONE P. 206; MARCATURA P. 117; RITO ALIMENTARE P. 152; SOGLIE P. 268.

**GESTAZIONE. Stato che corrisponde alla gravidanza per una cagna.**

- **LA SITUAZIONE TIPO:** la cagna ha il ventre arrotondato e le mammelle più rosee.
- **A COSA PENSA IL CANE:** *«In questo momento ho bisogno di essere coccolata»*.

## Il consiglio del medico veterinario

La gestazione della cagna dura all'incirca 63 giorni (da 57 a 70 giorni dopo l'accoppiamento). Alcuni segnali ci inducono a pensare che sia prossimo l'evento:

**Cambiamento del comportamento**: la cagna è più calma, si disinteressa ai giochi abituali e passa più tempo a dormire. Si dimostra più coccolona nei confronti dell'umano di riferimento e dei membri della famiglia; al contrario, può essere aggressiva verso i maschi.

**Modifica dell'appetito**: verso la 3a settimana, quando ha luogo l'annidamento dell'embrione all'interno dell'utero, spesso l'appetito diminuisce. Alcune future mamme smettono invece di mangiare per 2 o 3 giorni.

**Cambiamento dell'aspetto fisico**: all'inizio della 4a settimana, il ventre si arrotonda e le mammelle diventano più rosee e prominenti. Tale cambiamento si nota maggiormente nelle cagne che non hanno ancora avuto cuccioli. Sono frequenti perdite vaginali incolore o biancastre tra il 25° e il 30° giorno di gestazione.

**Evidente presenza del feto**: dal 18° giorno, l'ecografia addominale rivela la presenza di vescicole embrionali.

A partire dal 25° giorno, i battiti cardiaci del feto sono visibili con un'ecografia. Tra la 3a e la 4a settimana, palpando l'addome si possono sentire le ampolle fetali. Verso il 25°-50° giorno, eseguendo una radiografia, è visibile lo scheletro. Per contare con più precisione i cuccioli, aspettate il 50° giorno. Nelle ultime 2 settimane è sufficiente posare una mano sul ventre della femmina per sentire i piccoli che si muovono.

***VEDI*** > GRAVIDANZA ISTERICA P. 104; SESSUALITÀ P. 266; STERILIZZAZIONE P. 275.

**GIARDINO. Luogo piacevole dove trascorrere del tempo a esplorare e a giocare.**

- **LA SITUAZIONE TIPO:** il partner umano che fa giardinaggio e il cane che scava delle buche.
- **A COSA PENSA IL CANE:** *«Guarda che lo so fare anch'io!»*.

## Il consiglio dell'etologo

Molti pensano che il cane debba stare in giardino o arrivano persino ad affermare di aver preso il cane perché hanno un bel giardino. In realtà, il cane vuole stare con noi, fare delle attività con noi, godere costantemente della nostra compagnia. La sua alta socialità lo fa soffrire se abbandonato per ore da solo in giardino; da solo si annoia e l'unico modo che ha per passare il tempo è di mordicchiare ogni cosa o di scavare buche. Per questo se prima avevamo un bel giardino, nel giro di poco tempo ci troveremo davanti un desolante paesaggio lunare.

Fare delle buche è un'occupazione distrattiva che si appoggia a un'importante caratteristica comportamentale dei cani: il nascondere cibo o altri oggetti in buche poi diligentemente ricoperte. La terra smossa stimola questo comportamento per cui se alla noia associamo anche un partner appassionato di giardinaggio, l'attrazione per questo comportamento è davvero fatale.

Tra l'altro, il cane osserva e imita, pertanto se in giardino lo vede scavare buche, smuovere la terra per inserire le piante e poi ricoprirle... proprio non ce la fa a non ripetere questa operazione, con il risultato di dissotterrare tutte le piante amorevolmente piantumate. Indubbiamente questo comportamento ha a che fare anche con la ricerca: il cane può pensare che in quelle buche il partner umano abbia nascosto qualcosa di interessante e che le rose siano solo un'abile copertura.

Per evitare che il proprio cane faccia danni in giardino, l'unica regola è non lasciarlo tanto tempo da solo e tenerlo occupato con varie attività, come quelle di relazione.

***VEDI*** > AMICIZIA P. 31; COLLABORAZIONE P. 206; DIMENSIONI DI RELAZIONE P. 221; TERRITORIALITÀ P. 168.

**GIOCO. Attività dall'alto valore educativo che dà insegnamenti al cane, esercita particolari tendenze apportando divertimento e gratificazione.**

- **LA SITUAZIONE TIPO:** il cane corre dietro al partner che sta giocando con una palla.
- **A COSA PENSA IL CANE:** *«Allora, mi passi questa palla?»*.

## Il consiglio dell'etologo

Il gioco è un'attività fondamentale per il cucciolo non solo perché diverte e suscita emozioni positive, ma soprattutto perché ha una funzione evolutiva insostituibile, ovvero serve per lo sviluppo.

Esistono diversi tipi di gioco:

**Il gioco predatorio**, basato sul rincorrere un oggetto in movimento, che sia una palla o un frisbee.

**Il gioco competitivo**, basato sul confronto, come la lotta o il tira-molla.

**Il gioco collaborativo**, basato su attività che rafforzano il patto sociale, come il riporto.

**Il gioco di ricerca** che facilita l'esplorazione e l'esercizio olfattivo.

**Il gioco di attivazione mentale** che stimola la capacità solutiva del cane.

A seconda del tipo di gioco si andranno a esercitare tendenze differenti nel cane, pertanto la scelta e frequenza con cui si fa un particolare gioco ha una centralità nel progetto educativo dedicato al cane. Un eccesso di gioco predatorio soprattutto se effettuato con oggetti che ricordano degli animali o che emettono suoni e se realizzato su razze con un'alta motivazione predatoria, come il border collie, può rendere il cane particolarmente interessato a esprimere comportamenti predatori.

Allo stesso modo il gioco competitivo, per esempio il tiramolla, realizzato su tanti oggetti e su soggetti già predisposti alla competizione, come il rottweiler, può indurre una tendenza problematica perché da adulto il cane può gratificarsi solo nel prendere con la bocca e strappare.

Questi giochi pertanto possono essere fatti solo in modo moderato e istituendo delle regole:

- Si gioca solo con questo oggetto.
- Si gioca solo in questo contesto.
- Si gioca solo in questo modo.

Al contrario, i giochi collaborativi, di ricerca e di attivazione mentale sono molto importanti perché sviluppano nel cane le sue qualità migliori sotto il profilo dell'integrazione sociale. Il cane invita al gioco attraverso un particolare rituale comportamentale chiamato «inchino per gioco», perché letteralmente sembra inchinarsi flettendo le zampe anteriori e sollevando il treno posteriore.

L'inchino per gioco viene utilizzato dal cane per ingaggiare, fare amicizia e persino corteggiare la femmina.

***VEDI*** > APPRENDIMENTO P. 41; COMUNICAZIONE NON VERBALE P. 210; GIOCATTOLI P. 232; MOTIVAZIONE P. 129.

**GRAVIDANZA ISTERICA (O PSEUDO GESTAZIONE). Secrezione ed escrezione di latte in assenza di gravidanza.**

- **LA SITUAZIONE TIPO:** la cagna, nella sua cuccia, si è circondata di giochi e ha le mammelle gonfie.
- **A COSA PENSA IL CANE:** *«Sono i MIEI piccoli»*.

### Il consiglio del medico veterinario

Che sia in gestazione o non lo sia, in seguito al calore la cagna subisce un identico condizionamento ormonale. È il motivo per il quale, da 6 a 12 settimane dopo il calore, alcune cagne, senza aver avuto contatti con un maschio, presentano un'ipertrofia delle mammelle o una lattazione, si fanno una sorta di nido, diventano nervose, a volte aggressive e sviluppano un comportamento materno verso i giochi.

In natura, questo comportamento consente alle cagne gregarie, che non si riproducono, di aiutare, in caso di necessità, la femmina leader ad allattare i cuccioli. Nonostante non sia una malattia, la pseudo gestazione è molto fastidiosa perché può durare più di un mese, soprattutto se la cagna si lecca le mammelle.

La sola misura preventiva efficace è l'ovariectomia, raccomandata nei casi di femmine che presentano una predisposizione. Alcuni studi sostengono che la ripetizione di lattazioni da pseudo gestazione possa aumentare il rischio di tumori mammari.

***VEDI*** > GESTAZIONE P. 97; STERILIZZAZIONE P. 275; VETERINARIO (MEDICO) P.177.

Non sono belli i miei piccoli?

**IMPREGNAZIONE. Modalità attraverso cui il cane impara a conoscere il suo stile di specie.**

- **LA SITUAZIONE TIPO:** la femmina in calore rifiuta di accoppiarsi con i maschi.
- **A COSA PENSA IL CANE:** *«Per favore, non siamo nemmeno della stessa specie».*

## Il consiglio dell'etologo

Per poter costruire l'identità e il corretto stile, è necessario che il cane resti in cucciolata nei primi 2 mesi di vita. Infatti, a partire dalla 4° settimana il cucciolo inizia a interagire in modo articolato con i fratelli e con la madre realizzando quell'apprendistato che va a definire la sua dimensione canina: la socializzazione primaria. Anche la socializzazione sull'uomo si appoggia sulla corretta impregnazione del cane, perché rappresenta un'estensione dello stile specifico della specie.

Se, viceversa, al cucciolo viene negato il rapporto con i conspecifici nelle prime 12 settimane di vita, avrà un'alterata visione di appartenenza e non farà proprio lo stile di interazione e di comunicazione corretto per incontrare altri cani.

Pertanto, se troviamo un cucciolo nato da poco, occorre affidarlo a una femmina adottante per evitare un'impregnazione sull'uomo che potrebbe poi dare al cane grosse difficoltà di relazione con i conspecifici. Nei primi mesi dopo l'adozione è importante frequentare assieme al cucciolo una *puppy class*, ossia delle sedute specifiche dove più coppie imparano sotto la guida di un educatore le corrette modalità di relazione.

La socializzazione primaria è la migliore garanzia per aiutare il nostro cane a inserirsi nelle situazioni sociali e incontrare senza problemi gli altri cani.

***VEDI*** > ACQUIETAMENTO PP. 186, 282; COMUNICAZIONE NON VERBALE P. 210; PACIFICAZIONE P. 133; SOCIALIZZAZIONE PRIMARIA P. 314.

**IPERATTIVITÀ. Stato comportamentale del cane caratterizzato da una fluttuazione dell'umore e da una mancanza di organizzazione del comportamento.**

- **LA SITUAZIONE TIPO:** il cane interagisce in modo eccessivo, quando gioca con noi ci fa male, non è in grado di controllare la forza del morso.
- **A COSA PENSA IL CANE:** *«Dài, giochiamo, giochiamo, giochiamo!»*.

## Il consiglio dell'etologo

L'iperattività è un disturbo della crescita che si accompagna a ipersensibilità, a fluttuazione dell'umore e a una disorganizzazione dell'espressione interattiva. Se il cucciolo viene staccato prematuramente dalla madre (prima dei 2 mesi di vita), si determina un'interruzione grave nel suo processo evolutivo che porta il cucciolo a non maturare certe disposizioni fondamentali per il suo inserimento sociale e per la sua capacità adattativa. La mamma infatti dà stabilità alla struttura emozionale del cucciolo e in particolare alla sua arousal evitando che il cane sia preda di facili eccitazioni.

Questa instabilità nell'attivazione emozionale rende il cane molto vulnerabile alle stimolazioni che riceve, e nello stesso tempo preda di continue fluttuazioni emotive. Inoltre la madre aiuta il cucciolo a organizzare il proprio comportamento all'interno di uno schema preciso caratterizzato da un avvio, una sequenza espressiva e una chiusura. Se il cucciolo viene tolto prematuramente, molti comportamenti si presentano disorganizzati, per esempio mancano i segnali di arresto e il cane tende a essere eccessivo, ossia a mantenere il comportamento sempre aperto. La mamma insegna al cucciolo il corretto stile relazionale, per esempio a utilizzare la bocca in modo adeguato a non ferire o provocare dolore. Infatti quando il cucciolo gioca con i fratelli esagerando con la forza del morso, interviene insegnandogli a controllarlo.

La mamma gli dà il corretto galateo di approccio, il rispetto dei tempi e degli spazi altrui, lo sviluppo di autocontrolli per evitare il comportamento impulsivo.

***VEDI*** > ATTACCAMENTO PP. 48, 285;
PROBLEMI COMPORTAMENTALI P. 244.

## LECCARE. Modo attraverso cui il cane sottolinea il suo rapporto con noi.

- **LA SITUAZIONE TIPO:** il partner umano si avvicina al cane e questi gli dà una leccata sul viso.
- **A COSA PENSA IL CANE:** *«Ho bisogno di te!»*.

### Il consiglio dell'etologo

La leccata sul viso rappresenta uno dei comportamenti tipici del cane, un'espressione dei cuccioli che nel suo significato originale è una richiesta di cibo: infatti lo chiedono alla madre leccandole il muso e questa risponde rigurgitando un po' del suo pasto, permettendo lo svezzamento, il passaggio dall'alimentazione lattea a quella solida. Il rigurgito è l'analogo canino dei nostri omogeneizzati. Come gli altri comportamenti di richiesta di cura (etepimeletici), da adulto la leccata viene utilizzata per significare amicizia, legame, richiesta di protezione ma anche per pacificare, come risposta a una situazione critica che si vuole mitigare.

I segnali etepimeletici, come il mettersi sul fianco o a pancia all'aria, vengono spesso definiti segnali di sottomissione: attraverso di essi il cane vuole evitare situazioni conflittuali, competitive o comunque problematiche: è come se il cane dicesse: «Non prendertela con me, sono solo un cucciolo!». Tali segnali vanno interpretati, in quanto espressi, come le fusa del gatto o il dito in bocca nell'uomo, nel massimo del piacere o come autotranquillizzazione.

Il cane può pertanto leccarci il viso come patto di alleanza (ed è la situazione più frequente) o perché con il nostro comportamento lo mettiamo in difficoltà: per esempio, quando lo abbracciamo, lo subisce perché nel mondo dei cani è una prova di forza, come dire «sono più forte di te». Un cane che non ci conosce può rispondere con un comportamento di aggressione, mentre il nostro lo tollera perché ci accetta completamente.

Come in tutte le cose che non piacciono, vale la regola del non troppo forte, non troppo a lungo, non troppo di frequente. Se viceversa esageriamo, è probabile che il cane emetta un segnale di pacificazione, come per l'appunto la leccata sul viso, questa volta per dire: «Ho capito che ti piace, ma ora basta, sono solo un cucciolo!».

***VEDI*** > ACQUIETAMENTO PP. 186, 282; EPIMELETICO P. 226; PACIFICAZIONE P. 133.

***Dermatite da leccamento.*** **Malattia causata da una continua azione di leccamento e suzione della cute.**

- **LA SITUAZIONE TIPO:** sulla sua brandina il cane continua a leccarsi una parte del corpo.
- **A COSA PENSA IL CANE:** *«Ah, che bello fare così!»*.

## Il consiglio del medico veterinario

Di fronte a un continuo leccamento su una parte del corpo è indispensabile assicurarsi prima di tutto che non vi sia un disturbo organico, riconducibile a parassiti, ad allergia o a problemi epatici, facendo visitare il cane dal medico veterinario.

Se si escludono patologie somatiche l'eccessivo leccamento va ricondotto a un comportamento compensativo: il cane che si annoia o che non può esprimere le proprie motivazioni (frustrazione) può iniziare a mettere in atto un comportamento di eccessivo *autogrooming*. Questa attività viene svolta dal cane come «sostituzione», ossia per cercare di diminuire l'inquietudine provocata dal non poter fare ciò che desidera.

L'interesse eccessivo per il corpo dà luogo a microlesioni che rilasciano endorfine andando a calmare il cane, ma così facendo rendendolo sempre più dipendente dal comportamento sostitutivo.

In breve, l'eccessivo leccamento passa da una funzione compensativa a una anticipatoria: il cane cade in un corto circuito compulsivo, si lecca per prevenire qualunque disagio. A lungo andare, questo comportamento può diventare una stereotipia, ossia un comportamento quasi automatico che viene espresso continuamente.

Per evitare lo sviluppo della frustrazione in sostituzione e successivamente in compulsione, è indispensabile riempire la vita del cane attraverso attività (per esempio, la ricerca olfattiva, l'esplorazione, il gioco collaborativo), ed evitare che trascorra troppo tempo da solo annoiandosi.

**VEDI** > MOTIVAZIONE P. 129; PROBLEMI COMPORTAMENTALI P. 244; VETERINARIO (MEDICO) P. 177.

**MALTRATTAMENTO. Modo attraverso cui la persona, talvolta inconsapevolmente, produce un danno o una sofferenza al cane.**

- **LA SITUAZIONE TIPO:** la persona sta alimentando il proprio cane a tavola dandogli il pasto con il cucchiaino.
- **A COSA PENSA IL CANE:** «*Perché questa tortura?!*».

## Il consiglio dell'etologo

Per trattare bene il proprio cane occorre conoscerne le caratteristiche, ossia i bisogni fisiologici e le esigenze comportamentali che ovviamente sono differenti dai nostri. Un comportamento che per noi non ha molta importanza, come annusare il mondo, per lui è indispensabile e il non renderlo possibile provoca uno stato di grave disagio. Interpretare queste esigenze non è affatto intuitivo: così si possono aver avuto cani da una vita e non sapere nulla o comunque poco di ciò che è veramente necessario nella scala dei loro valori.

Per incontrare il cane è necessaria empatia (mi sento vicino alle tue esigenze anche se sono differenti dalle mie) e non semplice simpatia (ti capisco perché sei come me); ma purtroppo quest'ultima tendenza è prevalente, con il risultato che si accordano al cane «favori» di cui lui farebbe volentieri a meno e che anzi il più delle volte gli provocano disagio e, viceversa, gli si negano necessità di base.

Per esempio, alcune persone lavano frequentemente il cane, ma così facendo lo espongono a un indebolimento dell'integrità della pelle e del mantello: non si dovrebbe lavare più di una volta ogni due mesi. Da un punto di vista fisiologico il cane ha particolari necessità alimentari, di ginnastica funzionale, di riposo (superiore a quello dell'uomo), di termodispersione (nell'abitacolo dell'auto il cane rischia il colpo di calore) e di disponibilità costante di acqua, di evitare l'esposizione al sole, al vento, all'umidità, di attenzione nei confronti del mantello che può essere attaccato da parassiti.

Per quanto concerne i bisogni comportamentali, il cane ha differenti esigenze percettive, comunicative, stimolative, espressive, cognitive. Nella percezione oltre ad avere marcati bisogni olfattivi, ha una sensibilità uditiva superiore alla nostra, per cui occorre evitare i rumori eccessivi e le stimolazioni ultrasoniche.

Anche la comunicazione ha urgenze differenti: il cane vuole costantemente trovare un'intesa con noi e comunica con il corpo questo desiderio di sintonia, osservando costantemente cosa il nostro corpo gli comunica. Per questo gli atteggiamenti incoerenti e i grossi sbalzi di umore destabilizzano i cani che hanno una sensibilità spiccata e superiore alla nostra per la concertazione. Rispetto agli stimoli il cane ha una differente struttura motivazionale (quali target ricerca) ed emozionale (come interpreta gli eventi), per cui la configurazione del mondo disposta dall'uomo può essere poco interessante sotto il profilo motivazionale o troppo stimolante sotto il profilo emozionale.

Anche nelle espressioni e nei rituali il cane è differente: il suo desiderio di contatto, di movimento, di gioco, di veri e propri riti, di interazioni sociali sono spesso ignorati dall'uomo. Molte persone allontanano il proprio cane da qualunque interazione con i propri simili pensando che, così facendo, difendano il loro piccolino e invece gli procurano un grosso danno comportamentale.

Infine ci sono bisogni cognitivi perché il cane non è un oggetto né una macchina e la sua mente ha fame di attività elaborative. La mente del cane è soprattutto sociale e collaborativa, si posiziona cioè su pensieri di squadra (come organizzarsi, cosa fare insieme, come migliorare il nostro accordo); per questo chi lascia molte ore il cane da solo o chi lo lascia costantemente in giardino senza rendersene conto lo condanna a una terribile tortura psicologica.

***VEDI*** > ALTERITÀ P. 29; ANNUSARE PP. 33, 284; SOCIALIZZAZIONE P. 314.

**MARCATURA. Modalità attraverso cui il cane declama la sua presenza.**

- **LA SITUAZIONE TIPO:** il cane fa la pipì sulla porta di casa.
- **A COSA PENSA IL CANE:** *«Io sono qui»*.

## Il consiglio dell'etologo

La marcatura urinaria è un modo tipicamente canino di affermare la propria presenza. Il cane tende a marcare soprattutto gli spazi esterni durante la passeggiata quotidiana per lasciare tracce del proprio passaggio. Nella traccia urinaria lascia un messaggio molto chiaro della sua identità a disposizione di tutti i cani che rifaranno lo stesso percorso.

Nei maschi è molto importante scegliere supporti verticali e cercare di marcare il più in alto possibile in modo da magnificare la propria presenza. Talvolta la marcatura diventa una vera e propria ossessione per il cane, soprattutto se sovrastimolato dalla presenza di molti altri soggetti o se stressato.

Il cane può arrivare a marcare anche in casa, soprattutto se vive situazioni problematiche come l'ansia, l'arrivo di altri cani, un eccesso competitivo, la vicinanza di femmine in calore.

Nei cani che vivono situazioni contraddittorie nel posizionamento sociale possiamo riscontrare eccessi di marcatura in casa, fino ad arrivare a una marcatura fecale, caratterizzata dal deposito di escrementi in posti ben visibili (tappeto, ingresso, divano, letto). La marcatura fecale riguarda anche la traccia olfattiva che deriva dalle sacche perianali e ha come obiettivo la definizione territoriale.

Per superare il problema dell'eccesso di marcatura il modo migliore è diminuire il livello di ansia e di stress nel cane, favorire le lunghe passeggiate all'esterno, togliere al cane il ruolo di coordinamento del gruppo.

***VEDI*** > ANSIA P. 38; GERARCHIA P. 94; TERRITORIALITÀ P. 168.

**MODELLAGGIO. Modalità di apprendimento che si basa sul favorire l'espressione e l'iniziativa del cane e sull'andare a premiare i comportamenti che desideriamo.**

- **LA SITUAZIONE TIPO:** il partner umano mostra al cane un oggetto, per esempio una copertina o un cartone, e lo premia ogni volta che ci si avvicina o ci mette una zampa sopra.
- **A COSA PENSA IL CANE:** *«Dammi tempo e vedrai che arriverò alla soluzione»*.

## Il consiglio dell'etologo

Un modo per insegnare un particolare comportamento complesso è di costruire delle tappe premiando il cane allorché progressivamente si avvicina al comportamento desiderato.

In questo caso, non forniamo al cane alcun modello ma un target su cui concentrare l'attenzione, e aspettiamo che faccia qualcosa:

- All'inizio lo premieremo allorché guarderà solo o semplicemente il target.
- Quindi aspetteremo che il cane faccia qualcosa sul target e solo allora andremo a premiarlo.
- Quindi andremo ad affinare il comportamento premiando ogni fase di avvicinamento.

Questo apprendimento non dà suggerimenti espliciti al cane se non l'aiuto del premio che gli indica che si sta avvicinando alla soluzione: è cioè un apprendimento al buio dove il cane prova dei «comportamenti utili» per ottenere il bocconcino.

I comportamenti utili prendono il nome di euristiche, vale a dire strategie di soluzione dei problemi innate o apprese come il toccare con il naso, raspare con la zampa, prendere con la bocca e alzare. L'apprendimento per tentativi e approssimazioni prende il nome di *shaping* o modellaggio.

Per arrivare a costruire comportamenti complessi - come aprire un cassetto, prendere un oggetto e portarlo a qualcuno - è indispensabile costruire una catena di comportamenti utili, partendo dall'ultimo atto comportamentale e poi andando a ritroso premiando ogni fase.

L'utilizzo di insegnamenti tramite *shaping* favorisce nel cane la tendenza a esprimere delle iniziative comportamentali e arricchisce il bagaglio di euristiche del cane.

***VEDI*** > APPRENDIMENTO P. 41; ATTENZIONE P. 50; BOCCONCINO P. 196; RINFORZO P. 259.

**MODELLAMENTO. Modalità di apprendimento che si basa sull'offrire al cane un modello che lui deve imitare, premiandolo quando ripete il movimento che abbiamo fatto.**

- **LA SITUAZIONE TIPO:** il partner umano utilizza la mano per fare vedere al cane che deve imparare a girare intorno a un oggetto, per esempio una sedia.
- **A COSA PENSA IL CANE:** *«Ho capito che ti piace che giri lì intorno, anche se non so perché».*

## Il consiglio dell'etologo

Uno dei modi più importanti per apprendere si basa sulle conseguenze che il comportamento messo in atto produce. Per rafforzare un comportamento lo strumento più efficace è il rinforzo positivo, ovvero somministrare qualcosa di piacevole, in genere un bocconcino, allorché il cane metta in atto il comportamento desiderato.

L'induzione del comportamento desiderato che andremo a premiare può essere fatta dandogli un aiuto, ossia un modello da imitare che può essere fatto in tre modi:

- Mostrando in concreto il comportamento da realizzare (*mimesi*).
- Utilizzando la propria mano come modello o target di trascinamento per indicare il tipo di movimento (*louring*).
- Utilizzando la mano o il corpo come focus ove chiediamo di focalizzare l'attenzione e il campo di espressione del cane (*targetting*).

Aiutare l'induzione di un comportamento complesso attraverso un modello prende il nome di *modeling* o modellamento. Gli esercizi di *modeling* aiutano l'induzione di comportamenti complessi che possono essere proposti in modo chiaro dall'essere umano, soprattutto se il cane fa fatica a capire cosa vogliamo da lui.

L'utilizzo della didattica di *modeling* favorisce nel cane la tendenza a osservarci e a ripetere i nostri comportamenti.

***VEDI*** > APPRENDIMENTO P. 41; CENTRIPETAZIONE P. 202; COMUNICAZIONE NON VERBALE P. 210.

**MONTA. Comportamento di cavalcamento esercitata su cani o persone con diverse funzioni e quindi non necessariamente come espressione sessuale.**

- **LA SITUAZIONE TIPO:** il cagnolino sta montando la gamba della sua partner umana mentre lei sta parlando al telefono.
- **A COSA PENSA IL CANE:** *«Vuoi badare a me invece di parlare con quell'oggetto?».*

## Il consiglio dell'etologo

La monta è sicuramente un comportamento, che se rivolto verso le persone, suscita imbarazzo e fastidio perché attribuito alla sfera della sessualità, anche se per il cane questo comportamento ha molte altre valenze. Nei cuccioli, se rivolto ai fratelli di cucciolata, è un gioco molto frequente e ha a che fare sia con la pratica di interazione sociale che con la sessualità. Cani sottratti prematuramente dalla cucciolata possono avere successivamente problemi nell'accoppiamento proprio per non aver esercitato correttamente questi giochi.

Tuttavia, nel soggetto adulto la monta si presenta in un gran numero di situazioni e con differenti finalità:

• Ha un significato competitivo, per cui durante un incontro tra due cani, anche durante il gioco, si possono presentare tentativi di monta, soprattutto in soggetti dello stesso sesso, per cercare di imporsi l'uno sull'altro.

• Ha un significato sociale all'interno del gruppo per rimarcare il proprio ruolo di coordinatore, per cui si parla di monta gerarchica, effettuata indifferentemente sia dai soggetti maschi che dalle femmine.

• Ha un significato territoriale o di possesso quando effettuata su persone estranee o percepite come tali che entrano in casa.

• Ha un significato diversivo o ridirettivo in soggetti stressati o che sono fortemente eccitati e poi frustrati nell'attività: per esempio, un cane del canile tirato fuori dal box che desidera fare la passeggiata allorché il volontario si ferma.

• Ha un significato di richiamo o di richiesta di attenzione se il cane, così facendo, ha imparato ad attirare l'attenzione del partner umano e a farlo desistere da qualunque altra attività stesse facendo.

Il comportamento di monta è dato da una stretta-abbraccio fatta con gli arti anteriori e parallelamente da un ondulamento pelvico. È importante evitare che questa espressione diventi un modo ordinario di richiamare l'attenzione o per compensare stress, ansia e frustrazione. Il modo migliore è quello di anticipare il cane quando accenna a iniziare questo comportamento e indirizzare ad altre attività la sua attenzione.

Se la monta ha connotazioni gerarchiche, occorre lavorare per modificare lo status del cane, evitando così sia la monta sociale all'interno del gruppo sia quella territoriale.

Per quanto concerne la sessualità, il cane è mosso da richiami di tipo olfattivo-feromonale e non, se non in minima parte, di ordine visivo, per cui quando la femmina entra nel periodo del calore emette particolari feromoni di ingaggio e di disposizione all'accoppiamento che attivano nel maschio il comportamento sessuale e di conseguenza la monta sessuale.

Essa si caratterizza per due aspetti principali che la differenziano da altre tipologie di monta:

- Viene effettuata dal maschio sulla femmina e non dalla femmina.
- Prevede l'erezione del pene e il tentativo di coito.

***VEDI*** > ANSIA P. 38; ATTENZIONE P. 50; GERARCHIA P. 94; MOTIVAZIONI P. 129.

**MORDICCHIARE. Modalità attraverso cui il cane prende conoscenza del mondo attraverso la sua oralità, espressione spesso utilizzata dal cane anche nelle interazioni.**

- **LA SITUAZIONE TIPO:** il cane mordicchia le mani del compagno umano.
- **A COSA PENSA IL CANE:** *«Lasciami fare, è così piacevole starti vicino!»*.

## Il consiglio dell'etologo

Il cucciolo prende conoscenza del mondo attraverso la bocca, dove sono posizionate tre importanti finestre sensoriali: la gustativa, l'olfattiva e la feromonale. Per questo l'oralità è una modalità interattiva che, soprattutto nei primi mesi di vita, rappresenta la via elettiva per fare conoscenza del mondo. È pertanto una fase fisiologica legata a questo periodo evolutivo. Il cane mordicchia ogni cosa - le gambe dei mobili, gli arbusti in giardino, le nostre pantofole - e anche i suoi compagni di gioco. È il modo per familiarizzare, per cui viene diretto in prevalenza verso gli oggetti che parlano del gruppo di affiliazione, come appunto le nostre pantofole.

Per evitare che distrugga le cose che ci interessano, togliamole dalla sua portata o salvaguardiamole con coperture e parallelamente mettendogli a disposizione altri oggetti da mordicchiare. Poiché nel mordicchiare c'è anche un bisogno conoscitivo e affiliativo, è importante che gli oggetti dati al cucciolo siano manipolati anche da noi. Il nostro odore aumenterà l'accreditamento di questi oggetti da parte del cane.

Ho detto di no,
piccolo mio!
Non si mordicchia!

Per quanto concerne il **mordicchiamento sociale**, è indispensabile contenere questo comportamento perché può evolvere in modo problematico. Se il cucciolo è rimasto in cucciolata con la madre nei primi 2 mesi di vita ha già imparato un primo contenimento del morso, il cosiddetto «morso inibito»: infatti allorché i cuccioli giocano tra loro e si mordicchiano con i dentini da latte molto aguzzi, provano dolore e si lamentano, allontanandosi dal gioco e richiamando la madre che li riprende. Piano piano apprendono che, se vogliono giocare con la bocca, è necessario non stringere. Se il cucciolo è stato tolto troppo presto dalla mamma, c'è il rischio che non abbia sviluppato il morso inibito e non sappia fare correttamente il gioco sociale con la bocca. Nell'interazione con l'uomo è necessario che il cucciolo perfezioni questo controllo poiché la pelle dell'uomo è più delicata e il cane deve imparare a essere più leggero.

Il modo migliore per insegnarglielo è quello di pronunciare un «Ahi!» sonoro quando stringe e quindi interrompere ogni interazione con lui. Il cane lentamente impara che lo stringere troppo non ci è gradito, che deve allentare la presa ed essere più delicato. Ad ogni modo è necessario abituarlo lentamente a giocare senza utilizzare la bocca sul nostro corpo lavorando sulla calma ed evitando il movimento convulso. Voltandoci e interrompendo l'interazione con lui, gli diciamo molto esplicitamente che quello che sta facendo non ci piace. Se, viceversa, continueremo ad agitarci magari vociando, andremo a rafforzare questa sua tendenza.

***VEDI*** > ATTACCAMENTO PP. 48, 285; CALMA P. 62; GIOCATTOLI P. 232; RINFORZO P. 259.

**MOTIVAZIONE. Disposizione a fare una certa attività e a scegliere particolari obiettivi, modalità per raggiungere gratificazione e per essere incentivati all'attività.**

- **LA SITUAZIONE TIPO:** il cane fa la guardia davanti al cancello anche se nessuno glielo chiede.
- **A COSA PENSA IL CANE:** *«È divertente questo lavoro!»*.

## Il consiglio dell'etologo

Per comprendere cosa desiderano i cani, vale a dire quali attività sono portati a compiere e quali oggetti spiccano nel loro orizzonte, è necessario parlare di motivazioni. Sono disposizioni mentali di orientamento al mondo e di attività, vale a dire come il soggetto si propone e cosa cerca nel mondo. Le motivazioni sostengono le attività del cane dandogli interesse per ciò che lo circonda e gratificazione nel comportamento. Questo significa che il soggetto ha non solo un'immersione sensoriale nella realtà, ma anche orientativa: cerca nel mondo, è interessato del mondo, è gratificato nel fare al mondo, è stimolato dal mondo solo sulla base di precise disposizioni.

Il mondo visto dal cane è assai differente dal nostro, non solo perché diverse sono le finestre sensoriali di accesso alla realtà, ma anche perché la diversità di motivazioni fa emergere aspetti differenti.

La motivazione **predatoria**, per esempio, fa spiccare gli oggetti piccoli in movimento e predispone l'animale a rincorrerli e a catturarli. La motivazione **territoriale** porta il cane a considerare il suo ambiente sulla base della presenza di barriere e dell'ampiezza spaziale e a difenderlo dall'invasione di estranei. La collezione di motivazioni e il diverso peso di queste nell'orientamento di un soggetto specificano in modo profondo il carattere di un individuo perché indicano quali attività egli sarà portato a compiere, cosa andrà a scegliere, quali comportamenti esprimerà di preferenza.

Nel cane possiamo discriminare le diverse razze rispetto al differente peso che assumono le motivazioni di specie: in una è maggiormente presente la motivazione predatoria (border collie), in un'altra quella epimeletica (di accudimento e protezione, come nel caso dei labrador), in un'altra ancora quella difensiva (rottweiler). Il valore delle diverse motivazioni, ossia la prevalenza ad accendersi di una motivazione piuttosto che di un'altra, dà un «profilo vocazionale» al soggetto, vale a dire indica le disposizioni ad agire in un modo piuttosto che in un altro.

L'attività ludica è la cornice prioritaria per aprire le motivazioni e possiamo dire che non vi sia alcun gioco che non si basi su una o più motivazioni, pertanto è necessario conoscerle per poter giocare con il proprio cane. Ma l'aspetto più importante riguarda il rapporto tra motivazioni e piacere, sapendo che uno scarso livello di motivazione (demotivazione), quale si può riscontrare talvolta nella vita oziosa delle nostre case, può compromettere gravemente il benessere del nostro cane. In questi casi l'utilizzo di giocattoli non è affatto un antropomorfismo ma un modo per alleviare la scarsa stimolazione delle motivazioni, sempre che sappiamo completarlo con attività di interazione e momenti all'aperto.

Anche una continua frustrazione delle motivazioni accese è uno dei più importanti fattori di stress, che spesso sfocia in comportamenti alterati, come il leccarsi o mordicchiarsi una parte del corpo o mettere in atto comportamenti ripetuti. Conoscere le motivazioni di una specie e le vocazioni di un soggetto è pertanto indispensabile prima di tutto nella scelta dell'animale - in riferimento alle nostre disponibilità ad assolverle - e in seconda battuta nella gestione quotidiana del cane per assicurargli benessere.

## Le motivazioni nel cane

Per quanto concerne le motivazioni, alcuni orientamenti di base facilmente rinvenibili nel cane sono i seguenti:

- **Motivazione predatoria**: volgersi verso gli oggetti piccoli in movimento e raggiungerli.
- **Sillegica**: raccogliere degli oggetti e portarli nella tana o in un nascondiglio.
- **Territoriale**: difendere un territorio o un ambiente circoscritto.
- **Protettiva**: difendere un affiliato o un cucciolo.
- **Perlustrativa**: esplorare un ambiente e mapparlo.
- **Esplorativa**: analizzare un oggetto nei dettagli.
- **Epimeletica**: aiutare e accudire un compagno.
- **Competitiva**: confrontarsi o gareggiare con un compagno.
- **Di ricerca**: cercare degli oggetti nascosti.
- **Di corteggiamento**: attirare un partner sessuale.
- **Cinestesica**: fare movimento, correre, saltare.
- **Somestesica**: esplorare il proprio corpo.

• **Collaborativa**: fare un'attività con un partner, concertarsi in un'attività di gruppo.

• **Possessiva**: mantenere il possesso di un oggetto.

• **Comunicativa**: esprimere uno stato o indicare qualcosa.

• **Et-epimeletica**: chiedere l'aiuto o lasciarsi curare da un altro soggetto.

• **Affiliativa**: far parte di un gruppo ristretto.

• **Sociale**: raggiungere un posizionamento all'interno del gruppo.

***VEDI*** > AGGRESSIONE PREDATORIA P. 19; EPIMELETICO P. 226; GIOCO P. 101; RAZZE P. 148; TERRITORIALITÀ P. 168.

**PACIFICAZIONE. Modalità attraverso cui il cane cerca di calmare il suo interlocutore umano nelle situazioni critiche, ovvero di fronte alla collera e all'irritazione.**

- **LA SITUAZIONE TIPO:** il partner umano sta sgridando il cane perché ha fatto i bisogni in casa e questi mette in atto una serie di segnali per placare l'ira e frenare l'aggressione.
- **A COSA PENSA IL CANE:** *«Sono piccolo e indifeso, per favore calmati!»*.

## Il consiglio dell'etologo

Il cane è molto bravo a interpretare la nostra comunicazione del corpo sia quando vogliamo esprimere apprezzamento verso di lui sia quando, viceversa, siamo contrariati dal suo comportamento. Rimanere in una situazione conflittuale non è nelle sue corde, per cui il cane tende a emettere segnali di pacificazione per bloccare la collera del suo compagno a due zampe.

I segnali di pacificazione sono molto espliciti e riprendono i segnali infantili come se dicesse: «Sono un cucciolo, non te la prendere con me!». Occorre conoscerli per evitare di continuare a infierire allorché il cane sia nelle disposizioni di riappacificarsi.

Innanzitutto, il cane assume una postura raccolta, come se appallottolasse il corpo su se stesso: la testa è reclinata, la schiena curva, la coda bassa o addirittura raccolta sotto le zampe posteriori. Lo sguardo è laterale, non diretto, non tanto perché prova vergogna per quello che ha fatto, quanto piuttosto perché nel mondo dei cani lo sguardo diretto è sintomo di spavalderia o addirittura di sfida, certo non un segnale appropriato per calmare l'interlocutore. Alla sgridata il cane risponde leccandosi il naso, un segnale che deriva dalla contrazione di un gesto infantile di richiesta di cibo (il leccare il muso della mamma) con il quale vuole sottolineare il suo essere indifeso.

Possiamo dire che i segnali di pacificazione sono l'opposto dei segnali intimidatori; infatti, mentre questi ultimi vogliono declamare la forza del cane, con i segnali di pacificazione il cane sottolinea il suo essere debole. Per questo tutto il corpo si raccoglie e anche le orecchie si abbassano a rendere più palese la piccola mole. Talvolta il cane mette in atto dei segnali infantili ancora più espliciti che derivano dal suo rapporto con la mamma. Il neonato nelle prime 2 settimane di vita non è in grado di urinare e defecare da solo e ha bisogno di essere sollecitato nell'area ventrale dalla mamma che lo lecca. Il comportamento di mettersi sul fianco sollevando un arto posteriore per farsi ispezionare l'addome, o addirittura pancia all'aria, riprende il comportamento da cucciolo. Spesso questi segnali vengono anche definiti di sottomissione perché effettivamente con questa espressione è come se rinunciasse a qualunque velleità di conflitto.

Occorre incentivare la comunicazione di pacificazione del cane evitando di renderla inefficace, per esempio continuando a sgridarlo quando emette questi segnali. Pertanto, anche se siamo ancora irritati, è indispensabile bloccare il comportamento conflittuale non appena il cane mette in atto questi segnali di pacificazione.

**VEDI** > ACQUIETAMENTO PP. 186, 282; COMUNICAZIONE NON VERBALE P. 210; EPIMELETICO P. 226; LECCARE P. 110.

**PENSIONE. Edificio dove si ospita un cane per un periodo di tempo definito.**

- **LA SITUAZIONE TIPO:** il cane arriva in una pensione e si spaventa nel vedere la sistemazione e il gestore.
- **A COSA PENSA IL CANE:** *«Non voglio stare in pensione»*.

## Il consiglio del medico veterinario

Prima e durante la pubertà, il cucciolo è molto sensibile all'ambiente in cui vive. Ogni evento stressante può provocare in lui paure e fobie. È quindi preferibile evitare la pensione. Se non potete fare altrimenti, prima di portarcelo, verificate senza preavviso che la sistemazione e il personale siano validi. Se vi convince, fate fare al cucciolo una giornata di prova per essere sicuri che tutto andrà per il meglio. Per tranquillizzarlo, mettetegli un collare diffusore di feromone tranquillizzante (in vendita dal veterinario). Dopo la pubertà, la reazione dipende dalla posizione che riveste in famiglia.

Se non svolge il ruolo di coordinatore, accetterà senza lamentele la vostra partenza, soprattutto se gradisce il personale della pensione. Al contrario, se è il coordinatore, rischiate che non la tolleri (il cane coordinatore controlla i movimenti dei membri della famiglia).

Ecco alcuni consigli per chi lascia in custodia il proprio animale durante le vacanze.

**La pensione**: fatevi consigliare da amici o dal vostro medico veterinario. L'ideale è sperimentare la pensione prima delle vacanze, per 1 o 2 giorni.

Non penserai mica di lasciarmi qui???
PENSIONE
Alla bell'e meglio
Fifì

**La custodia a domicilio**: questa formula è ideale per i cani anziani.

**La famiglia d'accoglienza**: è un'alternativa più piacevole alla pensione. La soluzione migliore è affidare il vostro animale a una persona che già conosce. Per evitare sorprese, fate una prova durante un weekend prima delle vacanze.

**Le visite a domicilio**: è la soluzione ideale per le assenze brevi (giornata, weekend). Una persona va a casa vostra per nutrire, distrarre e portare fuori il cane una o più volte al giorno.

### Partite con il cuore in pace!

Lasciate al custode del cane il libretto sanitario con le ricette se assume dei farmaci, il recapito del medico veterinario in caso di malattia, il vostro numero di telefono, il cibo ed, eventualmente, farmaci in quantità sufficiente. Informatelo anche di come ama passare il tempo il vostro compagno a quattro zampe: ore dei pasti, delle uscite, di riposo… e le piccole abitudini.

**VEDI** > AMICIZIA P. 31; DEPRESSIONE P. 72; DISTACCO P. 224; VETERINARIO (MEDICO) P. 177.

**PETTORINA. Strumento migliore per portare a spasso il cane e dove agganciare il guinzaglio.**

- **LA SITUAZIONE TIPO:** il cane passeggia tranquillo accanto al suo compagno a due zampe.
- **A COSA PENSA IL CANE:** *«Non fa male al collo e faccio un figurone!»*.

## Il consiglio dell'etologo

Dal momento che la ricerca medico-scientifica ha reso disponibili i risultati riguardanti le patologie legate all'utilizzo del collare (danni alla cervicale, alla colonna vertebrale e alla trachea), la pettorina è una valida alternativa a questo strumento che spesso mette profondamente a disagio il cane provocandogli sofferenza, spavento e irritazione. Nel cane il collo riveste un'area molto delicata perché, come in tutti i vertebrati, la muscolatura ha due punti principali di ancoraggio alla colonna vertebrale, appunto la zona cervicale e la zona lombare nelle quali le sollecitazioni negative sono da evitare accuratamente.

La parte che interessa il collo è inoltre di fondamentale importanza per il comportamento sociale. Ogni tiro o strattone che diamo al collo del nostro amico tramite il collare è percepito come una minaccia e può inevitabilmente dare luogo a malintesi nella comunicazione tra uomo e cane. Lo strattone e la costrizione fisica non si rivelano utili nel training, sono anzi peggiorativi in quanto mettono il cane in una condizione spiacevole in cui o tirerà più forte per liberarsi dal dolore o non camminerà perché spaventato e confuso dai segnali contraddittori che caratterizzano questo strumento.

L'utilizzo della pettorina e di un guinzaglio lungo che abbia la possibilità di essere morbido (non vanno bene i guinzagli estensibili), insieme a una corretta comunicazione con il corpo, permettono di rispettare il benessere animale e danno la possibilità al cane e al suo partner umano di imparare a camminare insieme in maniera armoniosa. Si evitano così le dolorose strattonate al collo dell'animale, molto spesso inferte in modo inconsapevole, fonti di equivoci e situazioni conflittuali.

**La pettorina è adattabile al fisico del cane e regolabile.**

Per garantire il massimo comfort deve essere di una tipologia specifica che lasci libero il movimento della spalla. Si tratta di una pettorina con una cinghia superiore che va dalle spalle alla metà della schiena dove c'è l'anello al quale si aggancia il guinzaglio. Ai lati della cinghia che avvolge la pancia e la schiena del cane ci sono, uno per parte, due ganci per aprire e chiudere la pettorina al momento di indossarla.

In ultima analisi, si consiglia l'utilizzo della pettorina per favorire il benessere del cane, migliorare la relazione e la comunicazione con lui e dargli una maggiore consapevolezza del proprio corpo.

**VEDI** > GUINZAGLIO P. 235, 336; MALTRATTAMENTO PP. 114, 337.

**POLTRONA. Luogo confortevole dove è piacevole riposare e da dove si può controllare il gruppo.**

- **LA SITUAZIONE TIPO:** il cane se ne sta comodamente sdraiato sulla poltrona e non ne vuole affatto sapere di lasciare il posto al suo compagno a due zampe.
- **A COSA PENSA IL CANE:** *«Da qui non me ne vado, dopo tante fatiche ho diritto a un meritato e comodo riposo».*

## Il consiglio dell'etologo

Le poltrone non sono posti comodi solo per gli esseri umani ma anche per il cane, ed è naturale che desideri riposare su un morbido e caldo cuscino. Non c'è niente di male, a meno che non ci siano problemi di sua leadership. In alcune situazioni i partner umani danno al cane un gran numero di indizi che gli dicono: «Sei tu il coordinatore del nostro gruppo». In questi casi, anche l'occupare una particolare postazione (quelle rialzate da terra o posizionate in punti strategici della stanza) diventa indiziario di leadership.

Il cane investito del compito di coordinamento del gruppo deve poter occupare posti strategici dove controllare il territorio anche quando sta riposando. È perciò naturale che non si sposti se invitato a scendere dalla poltrona. Non è mai conveniente arrivare al conflitto per spostare il cane, occorre lavorare sul suo comportamento affinché il ruolo assunto dall'animale all'interno della famiglia non sia di coordinamento.

Se, viceversa, non ci sono problemi di leadership, non è certo un problema concedere al cane di salire ogni tanto sulla poltrona. Sarebbe conveniente abituare subito il cucciolo a riposare sulla sua brandina, posizionandola in un luogo tranquillo e non nei punti di ingresso o di passaggio.

Il luogo di riposo destinato al nostro cane deve essere sacro per lui: in questo luogo deve vivere solo esperienze piacevoli. Sulla brandina verrà premiato, lì potrà godersi l'ossetto da rosicchiare, lì nessuno dovrà disturbarlo. È importante associare alla brandina una copertina: questo ci consentirà durante le trasferte di mettere il cane in una situazione di tranquillità solo stendendo la copertina in un luogo a lui riservato.

***VEDI*** > BRANDINA P. 56; GERARCHIA P. 94.

**PUBERTÀ. Momento particolare dello sviluppo che porta allo sviluppo sessuale del soggetto.**

- **LA SITUAZIONE TIPO:** il partner umano tratta da cucciolo il proprio cane di 2 anni.
- **A COSA PENSA IL CANE:** *«Insomma, smettetela di trattarmi come un cucciolo, sono già grande!»*.

## Il consiglio dell'etologo

C'è una notevole differenza in termini di tempo tra la crescita di un bambino e quella di un cucciolo, e chi tende ad antropomorfizzare il cane fa fatica a capire che intorno al 5° mese inizia la sua preadolescenza, ovvero entra in quella fase critica che caratterizza lo sviluppo sessuale. La pubertà è un momento difficile e particolare anche per i cani, una fase di passaggio che inizia con il distacco e termina con il pieno sviluppo sessuale: il cane passa da una relazione con il gruppo tipicamente parentale a una relazione sociale, caratterizzata dall'assunzione di un ruolo all'interno del gruppo, per cui comincia a chiedersi qual è il suo compito e in particolare se deve o no assumersi quello di coordinatore del gruppo.

Questo significa che se il suo partner umano non è stato in grado di dare i corretti indizi che lui è il caposquadra e, al contrario, gli ha lasciato intendere che deve prendersi cura del gruppo, da questo momento potranno iniziare i problemi riferibili alla leadership. All'inizio, cioè intorno al 6°-7° mese, saranno solo accennati. Il cane appare un po' troppo egocentrico: vuole sempre ottenere i suoi obiettivi, si mette sempre in mezzo, tende a imporsi e manifesta comportamenti spavaldi. In seguito possono evolvere comportamenti competitivi, conflittuali e addirittura, nel caso che gli venga negato qualcosa, possono manifestarsi comportamenti intimidatori.

È molto importante che nel periodo preadolescenziale il suo compagno umano:

- Lo coinvolga in attività collaborative, dandogli un ruolo, consolidando l'alleanza e la vicinanza, aumentando l'accreditamento del proprietario e l'autoefficacia del cane.
- Faccia esercizi di richiesta (per esempio, chieda il «seduto» prima di fare una certa cosa, lavori sui permessi e sull'autocontrollo) favorendo la capacità del cane di gestire le frustrazioni, accettare i tempi e le regole, costruire la rassegnazione.
- Imposti bene la gestione delle iniziative ribadendo il suo ruolo di coordinatore.

I problemi non riguardano solo la leadership:

- Il cane in pubertà vive una tempesta ormonale che fisiologicamente lo rende inquieto e portato ad allargare il suo raggio di azione e quindi a decentrarsi dal proprietario, da cui la sensazione di una maggiore disobbedienza.
- La sessualità incipiente gli induce il bisogno di emergere e di farsi notare sia all'interno del gruppo che all'esterno, da cui l'asserzione, la marcatura, il tentativo di imporsi.
- L'adolescenza è incertezza, bisogno di ritagliarsi una posizione sociale, da cui i comportamenti contraddittori e impulsivi.

In pubertà le caratteristiche di razza si rendono più evidenti perché cade l'azione di mascheramento operato dai comportamenti pedomorfici: se prima l'essere un cucciolo era preponderante e prendeva tutta l'identità espressiva del cane, ora non più caratterizzato dal comportamento di cucciolo, il cane mostra in modo chiaro le sue vocazioni e il suo carattere. Anche nei primi mesi i cani si differenziano a seconda delle caratteristiche genetiche, ma esprimono le loro tendenze nel gioco e non le declinano in senso sociale, per cui le attitudini sono meno evidenti e soprattutto meno problematiche.

Se nella fase precedente la pubertà si è lavorato bene sull'educazione delle disposizioni e delle espressioni, per esempio disciplinando le tendenze, i problemi della pubertà saranno sicuramente mitigati. Disciplinare significa attribuire a una componente, per esempio la motivazione predatoria, un target specifico (la pallina), un contesto di espressione (il campo recintato), un modo di espressione (apertura, sequenza, chiusura), al fine di evitare la maniacalità e la generalizzazione.

***VEDI*** > GERARCHIA P. 94; SESSUALITÀ P. 266.

**PULCE. Insetto molto fastidioso che si nutre del sangue dei mammiferi pungendoli.**

- **LA SITUAZIONE TIPO:** il cane si gratta la schiena ricoperta di pulci che corrono sulla sua pelliccia.
- **A COSA PENSA IL CANE:** *«Dannate pulci, incominciate a irritarmi!»*.

## Il consiglio del medico veterinario

La pulce è un insetto scuro, visibile a occhio nudo, il cui corpo è compresso lateralmente. Punge il cane una dozzina di volte in un giorno per nutrirsi del suo sangue. Quarantotto ore dopo il primo pasto, la femmina depone le uova, in media 25 al giorno per 50-100 giorni. Le uova, di circa 0,5 mm di lunghezza, cadono a terra e nel giro di pochi giorni danno alla luce delle larve bianche. La durata del ciclo completo varia da 15 giorni a più mesi, a seconda delle condizioni ambientali: più la temperatura e l'umidità sono elevate (l'ideale è intorno ai 25 °C, con l'85% d'umidità), più rapido sarà lo sviluppo delle larve.

La pulce è la principale causa di prurito e di allergia nel cane: può anche trasmettere la tenia (*Dipylidium caninum*). Presente nelle case tutto l'anno, si moltiplica attivamente in estate. La migliore prevenzione consiste nell'eliminazione delle uova e delle larve dalla casa: tappeti, battiscopa, cucce, coperte. Passare l'aspirapolvere frequentemente e arieggiare ambienti sono le prime cose da fare. Il medico veterinario vi consiglierà quali antiparassitari utilizzare e le necessarie precauzioni nel loro uso.

***VEDI*** > ROGNA P. 155; VETERINARIO (MEDICO) P. 177.

**RAZZE. Tipologie differenti di cani per caratteristiche genetiche che definiscono qualità morfologiche, come taglia, profilo, mantello, e comportamentali, tendenze e attitudini.**

- **LA SITUAZIONE TIPO:** lei/lui cerca di far fare la guardia al suo barboncino.
- **A COSA PENSA IL CANE:** «*Ma per chi mi ha preso!*».

## Il consiglio dell'etologo

I cani non sono tutti uguali, anche se è vero che esiste un profilo comportamentale di base a cui ogni cane risponde (il cosiddetto etogramma). Si tratta dell'identità del cane, ciò che lo differenzia dagli altri animali (compreso l'uomo), una sorta di catalogo di specie che definisce le caratteristiche percettive, comunicative, espressive, evolutive, disposizionali (emozioni e motivazioni), funzionali e cognitive.

D'altro canto, l'uomo ha operato delle selezioni genetiche all'interno della popolazione dei cani facendo emergere soggetti che per caratteristiche morfologiche e tendenze caratteriali fossero predisposti a una certa attività dando luogo a linee genetiche assai differenti. Un tempo le differenti razze erano impiegate in lavori molto diversi tra loro che richiedevano attitudini peculiari. Ecco allora gli specialisti del fiuto, quelli por-

tati alla conduzione delle greggi, i difensori della casa e dei pollai da topi, donnole e volpi, i combattenti strenui pronti a dare la vita per il gruppo.

Oggi si sceglie un cane perché attratti esteticamente da una particolare forma o colore: il dalmata per esempio, con la sua linea slanciata ma non eccessiva e il suo mantello discreto di colore bianco pomellato di nero si intona perfettamente con l'arredo del salotto, e ci si dimentica che

un tempo questi cani accompagnavano le carrozze, per cui hanno vocazioni atletiche che male si coniugano con gli ozi domestici.

Insomma, dietro l'aspetto esteriore si cela un carattere che va conosciuto prima di scegliere quel soggetto. Le vocazioni infatti indicano:

- Tendenze da educare (la predatorietà del border collie va indirizzata verso le palline e va organizzata in un modo espressivo non pericoloso) ossia da disciplinare.
- Necessità ordinarie, che quindi richiedono precisi impegni quotidiani del partner umano, in termini di attività da fare, di modi relazionali, di stili di vita, di ambienti di vita.
- Lacune o mancanze che vanno colmate in termini educativi, relazionali o gestionali, come spazzolare frequentemente il pelo, evitare la perdita di calore, curare una particolare parte del corpo.

Chi sceglie un cane di razza deve informarsi bene circa le sue caratteristiche etologiche, senza dimenticare l'importanza di adottare un meticcio presente nei canili. Chi è orientato nella scelta di un cane di razza potrà comunque trovarne tra i 600 mila cani abbandonati presenti in queste strutture.

**VEDI** > GIOCO P. 101; MOTIVAZIONE P. 129.

**RINGHIO. Modalità attraverso cui il cane dimostra il suo disappunto per una particolare interazione.**

- **LA SITUAZIONE TIPO:** mentre è spazzolato, il cane si mette a ringhiare.
- **A COSA PENSA IL CANE:** *«Smettila subito di torturarmi!»*.

## Il consiglio dell'etologo

Ringhiando il cane avvisa di essere al limite e che, se proseguiamo nel nostro comportamento, si vedrà costretto a rispondere con un'aggressione. È un segnale di minaccia molto importante con cui evita di ricorrere alla zuffa. Se un cane ringhia per non essere spostato dalla poltrona, se solo ci avviciniamo alla brandina, se lo accarezziamo, se passiamo vicino alla ciotola, è necessario esaminare le problematiche comportamentali (come l'alto posizionamento sociale, una situazione ansiosa o di irritabilità, una fobia).

In questi casi è importante consultare uno specialista per superare il problema comportamentale, giacché è questo che trasforma le comuni attività di interazione e gestione del cane in eventi problematici a cui lui risponde con un segnale di intimidazione, il ringhio. Anche lo spazzolare dovrebbe essere ben tollerato dal cane, a meno che non abbia delle particolari patologie che gli provocano dolorabilità in una parte del corpo, per esempio un'otite, nel qual caso è indispensabile consultare il proprio medico veterinario.

***VEDI*** > COMUNICAZIONE CON IL CORPO P. 294; FOBIA P. 86; GERARCHIA P. 94; PROBLEMI COMPORTAMENTALI P. 244.

**RITO ALIMENTARE. Momento e modalità per promuovere o consolidare l'alleanza tra cane e partner umano attraverso il pasto.**

- **LA SITUAZIONE TIPO:** il cane seduto aspetta il «vai» del partner umano prima di precipitarsi nella ciotola.
- **A COSA PENSA IL CANE:** *«Sì, aspetto, ma fai in fretta che ho fame!»*.

## Il consiglio dell'etologo

Il comportamento del cane (etogramma) prevede un'alimentazione di gruppo e delle regole di accesso al cibo proprio per evitare situazioni di conflitto. Costruire un buon rito alimentare è in linea con l'etogramma del cane e il modo migliore per costruire un buon rapporto con lui.

**Il cane non deve:**

• Avere l'impressione che per mangiare deve conquistarsi il cibo con la forza.

• Pensare che vogliamo portargli via il cibo o competere con lui per il cibo.

• Ritenere che stiamo aspettando il nostro turno mentre lui sta mangiando.

• Pensare che in qualunque momento può venire verso di noi e pretendere di avere del cibo.

**Un buon rituale deve svolgersi così:**

• Chiedere al cane il «seduto».

• Fare in modo che il cane stia fermo mentre ci si abbassa ad appoggiare la ciotola.

Cena a lume di candele...
una semplice
questione di stile!!!

• Appoggiare la ciotola senza che il cane vi si precipiti dentro.
• Dare il «vai» che permette al cane l'accesso al cibo.
• Allontanarsi e lasciare mangiare il cane in tranquillità.

Per realizzare il secondo e terzo punto, tenete la ciotola in mano e alzatela immediatamente se il cane si muove. In breve imparerà che per ottenerla il modo migliore è attendere.

Evitiamo di dare dei bocconcini o parti del nostro pranzo al cane mentre siamo a tavola per non favorire abitudini che rendano difficile la sua integrazione. Infatti il cane non può discriminare se siamo soli o con invitati, se siamo in casa o al ristorante, per questo è ingiusto dargli un abitudine e poi sgridarlo se la esprime quando a noi non va bene. La miglior cosa è abituarlo a stare sulla sua copertina mentre mangiamo.

***VEDI*** > ABITUDINI P. 184; ANORESSIA P. 36; BULIMIA P. 60; CENTRIPETAZIONE P. 202.

**ROGNA. Malattia della pelle causata da un parassita che scava dei cunicoli sotto l'epidermide e provoca forti pruriti.**

- **LA SITUAZIONE TIPO:** senza pelo all'estremità delle orecchie, in corrispondenza delle articolazioni e nel basso ventre, il cane si gratta.
- **A COSA PENSA IL CANE:** *«Che fastidio, grattarmi mi fa star meglio».*

## Il consiglio del medico veterinario

La rogna canina è una patologia parassitaria provocata da un acaro (*Sarcoptes scabiei*) invisibile a occhio nudo. Dopo essersi accoppiata sulla superficie della pelle dell'ospite, la femmina scava dei cunicoli sotto l'epidermide e vi depone le uova. Sintomi caratteristici della malattia: forte prurito, croste e perdita del pelo all'estremità dei padiglioni auricolari, in corrispondenza delle articolazioni e nel basso ventre. La trasmissione all'uomo può avvenire per contatto diretto, provocando piccoli foruncoli infiammati (sovente sotto l'avambraccio) e fastidiosi pruriti, ma i parassiti non sopravvivono.

Esiste anche la rogna demodettica. Il prurito e la presenza di lesioni cutanee sono sintomo di malattia: per diagnosticarla e curarla è necessaria una visita dal medico veterinario. L'intenso prurito arreca grande sconforto al vostro cane, non aspettate se non volete che soffra.

***VEDI*** > PULCE P. 146; VETERINARIO (MEDICO) P. 177.

**SACCHE PERIANALI. Ghiandole situate ai lati dell'ano, le cui secrezioni sono usate per comunicare tra cani.**

- **LA SITUAZIONE TIPO:** il cane trascina il posteriore strofinandolo per terra.
- **A COSA PENSA IL CANE:** *«Accidenti! Mi prude il posteriore!»*.

## Il consiglio del medico veterinario

Il cane possiede ai lati dell'ano due piccole «sacche», chiamate ghiandole perianali, che producono secrezioni usate tra simili per comunicare. Il loro contenuto si svuota di solito quando il cane defeca o in seguito a un'emozione forte.

Quando lo svuotamento di queste ghiandole non avviene in modo naturale, esse si distendono e provocano una forte irritazione locale alterando l'odore del cane, il che può disturbare le relazioni con i suoi simili.

Per trovare sollievo, il cane si lecca l'ano e si gratta il posteriore a terra. Per evitare questa ostruzione poco piacevole, fate controllare regolarmente le «sacche» perianali del cane dal medico veterinario che, se necessario, le svuoterà premendole delicatamente.

***VEDI*** > VETERINARIO (MEDICO) P. 177.

**SETE. Sensazione che corrisponde a un bisogno di acqua che può essere rivelatore di una malattia.**

- **LA SITUAZIONE TIPO:** il cane finisce la sua ciotola di acqua e la spinge per reclamarne dell'altra.
- **A COSA PENSA IL CANE:** *«Ho ancora sete»*.

### Il consiglio del medico veterinario

Il fatto di bere di più, soprattutto in un animale anziano, è spesso sintomo di malattie dei reni o del pancreas. Può anche corrispondere a un'attività di sostituzione nei cani che soffrono di ansia. Anche se il cane sembra essere in buona salute, consultate il medico veterinario. Grazie a semplici esami di laboratorio (analisi delle urine e del sangue) si può determinare l'origine di questa sete eccessiva.

#### Quando bisogna allarmarsi?

La quantità giornaliera di acqua bevuta varia a seconda delle condizioni climatiche, dell'attività fisica e del tipo di dieta (cibo secco o umido). È in media di 60 ml al giorno per ogni chilo di peso corporeo. Superati i 100 ml al chilo, è anormale.

#### Come valutarne il consumo?

Per conoscerlo, servitegli da bere con una bottiglia che riempirete ogni giorno. Dopo 24 ore, saprete la quantità esatta di acqua bevuta.

***VEDI*** > VETERINARIO (MEDICO) P. 177.

ACQUEDOTTO
MUNICIPALE
L'acqua
del rubinetto

**SIMULAZIONE. Azione attraverso cui il cane chiede l'attenzione facendo finta di avere un problema.**

- **LA SITUAZIONE TIPO:** Il cane finge di zoppicare per avere l'interessamento del partner umano.
- **A COSA PENSA IL CANE:** *«Mi sembra il modo migliore per ottenere i suoi favori»*.

## Il consiglio dell'etologo

Il cane ha una grande capacità di scoprire come ottenere l'attenzione del partner umano. Essendo un animale dagli spiccati tratti sociali, cerca sempre come ottenere il meglio all'interno del gruppo agendo proprio sulla comunicazione. Se il partner umano ha mostrato un particolare interessamento verso il cane quando questi presentava una patologia, nel giro di poco tempo utilizzerà i segni di sofferenza, come per esempio lo zoppicare, per ottenere i favori del gruppo.

Non si tratta di una vera e propria simulazione quanto piuttosto della scoperta che un certo atteggiamento produce particolari effetti graditi. Uno dei modi prevalenti per apprendere si basa sulle conseguenze, e se un cane scopre che ogni volta che zoppica ottiene attenzioni, coccole e favori, in breve utilizzerà questi comportamenti per raggiungere i suoi obiettivi che, come sappiamo, sono sempre riferiti all'ambito sociale.

Per questo dopo un periodo di convalescenza è spesso difficile per il partner umano sapere se il cane è guarito, perché può continuare a manifestare i segni di sofferenza, una simulazione perfetta utilizzata per continuare a ricevere i favori concessi all'ammalato.

***VEDI*** > ATTENZIONE P. 50; RINFORZO P. 259.

**SONNO. Stato durante il quale si dorme e il ritmo dell'organismo rallenta.**

- **LA SITUAZIONE TIPO:** il cucciolo muove gli occhi mentre dorme.
- **A COSA PENSA IL CANE:** *«Gatto, non mi scapperai»*.

## Il consiglio del medico veterinario

Il sonno comprende diversi cicli che si ripetono più volte nella notte. Ogni ciclo dura da 90 a 120 minuti ed è caratterizzato da due fasi principali:

**una fase di sonno lento**: durante questa fase, l'attività elettrica del cervello è rallentata. È una fase indispensabile per il recupero della fatica fisica. L'organismo produce anticorpi e l'ormone della crescita.

**una fase di sonno paradossale**: l'attività elettrica del cervello è intensa, simile a quella della veglia. È una fase di sonno in cui gli occhi si muovono dietro alle palpebre chiuse. Il cervello registra ciò che ha appreso durante il giorno.

Un cucciolo di 2 mesi passa più della metà della giornata a dormire e sogna molto. Un adulto dorme circa 10 ore al giorno e sogna di meno. Nei cani che soffrono di ansia, di depressione, di ipersensibilità-iperattività e di malattie del cervello sono presenti disturbi del sonno.

***VEDI*** > BRANDINA P. 56.

**STERCO. Escremento di alcuni animali o in generale escremento solido.**

- **LA SITUAZIONE TIPO:** il cane si rotola con piacere nello sterco di vacca.
- **A COSA PENSA IL CANE:** *«Ecco di cosa avevo bisogno per ritrovare l'antico splendore».*

## Il consiglio dell'etologo

Tutti i cani, a scapito dei loro compagni umani, amano rotolarsi per terra. Per alcuni, questo comportamento sareb-

be un'eredità delle origini, quando il cane doveva cacciare per nutrirsi. Rotolarsi negli escrementi, o in altre sostanze dal forte odore, mascherava quello del cane che così non si faceva scoprire dalla preda o da altri predatori. Per altri, l'odore preso migliorava la loro posizione all'interno del branco.

È sicuramente per questo motivo che la maggior parte dei cani, quando escono profumati dal toilettatore, si precipitano nell'erba, con piacere quasi maligno, per sbarazzarsi di un odore che non è di loro gradimento. Pensateci prima di regalare del profumo al vostro cane!

***VEDI*** > ALTERITÀ P. 29; ANNUSARE P. 33, 284.

**TEMPORALE. Condizione atmosferica caratterizzata da vento e da tuoni che possono mettere il cane in agitazione fino a provocare dei veri e propri stati fobici.**

- **LA SITUAZIONE TIPO:** durante il temporale il cane si nasconde sotto il letto.
- **A COSA PENSA IL CANE:** *«Qui sto più sicuro».*

## Il consiglio dell'etologo

I temporali producono eventi che possono agitare il cane, provocandogli:

• Stati di modica paura, caratterizzati dalla tendenza a non muoversi e rifugiarsi nella brandina o a stare vicino al partner umano.

• Stati di angoscia o di ansia, caratterizzati da un continuo guardarsi intorno o in alto come se il cane fosse in allerta, da comportamenti contraddittori come il girovagare, l'andare sulla brandina ma senza accucciarsi, l'uggiolio nervoso, la richiesta della nostra attenzione.

• Stati di panico, caratterizzati dal correre frenetico nella stanza alternato all'immobilizzarsi, dal saltare su divani e poltrone e cercare rifugio tra le braccia dell'amico umano, dal nascondersi sotto un mobile o sotto il letto.

• Stati fobici, caratterizzati da vere e proprie perdite del controllo emotivo con espressioni neurovegetative quali diarrea, contrazione delle ghiandole perianali, scialorree (ossia perdita di saliva) e comportamenti di aggressione ridiretta.

Molte persone non sanno come comportarsi per tranquillizzare il cane anche perché sovente questa paura-fobia può estendersi o collegarsi ad altri eventi come lo sbattere di porte e finestre, l'ondeggiare di tende e teloni al vento, lo spostarsi delle foglie a folate d'aria, i botti di capodanno o prodotti dai ragazzi, le gru dei cantieri, gli ombrelli che si aprono. In effetti, il temporale può presentare tutti questi

stimoli: c'è il vento a muovere le cose e a far ondeggiare i tendaggi, c'è qualcosa che minaccia dall'alto, ci sono rumori improvvisi come il tuono o una porta che sbatte.

In breve, chi ha un cane si rende conto che sta entrando in agitazione e cerca in tutti i modi di confortarlo. Essendo però preoccupato non tranquillizza il cane, ma gli trasmette ansia, focalizzando la sua attenzione sul problema; in questo modo aumenta il carico di difficoltà che il cane deve affrontare.

Se riusciamo a non preoccuparci per le reazioni del cane, a non essere apprensivi ma al contrario gli trasmettiamo sicurezza, siamo in grado di prendercene cura. Se, viceversa, ci lasciamo contagiare dalla paura del cane, è meglio ignorarlo, perlomeno così facendo non peggioreremo la situazione.

Per quanto riguarda i diversi stimoli che possono preoccupare il cane, quello dei rumori improvvisi è forse il più problematico; il modo migliore per affrontarlo è quello di registrare il tuono e di farlo sentire al cane a volume molto basso e poi giorno dopo giorno alzare il volume con gradualità fino ad abituare il nostro amico a quattro zampe.

***VEDI*** > ATTENZIONE P. 50; EMOZIONI P. 81; FOBIA P. 86; RINFORZO P. 259.

**TERRITORIALITÀ. Tendenza del cane a difendere un'area circoscritta che ritiene appartenente al suo gruppo.**

- **LA SITUAZIONE TIPO:** il postino tutti i giorni arriva per mettere la posta nella buchetta. Il cane arriva abbaiando ma, quando raggiunge il cancello, il postino ha terminato il suo lavoro e se ne va.
- **A COSA PENSA IL CANE:** *«L'ho spaventato per bene, questo intruso!»*.

## Il consiglio dell'etologo

Il cane è un animale territoriale e la difesa del territorio del gruppo è una delle disposizioni più forti in lui, una qualità che l'uomo ha utilizzato per difendere la propria abitazione dai ladri. Questa tendenza viene incentivata se il cane trascorre molte ore in giardino davanti al cancello o sul balcone osservando le persone che sfilano davanti casa: uno stimolo molto forte che suscita la motivazione territoriale facendola diventare centrale nel suo stile. Il comportamento territoriale ha un legame assai forte con la distanza critica per cui è inevitabile che si manifesti con più frequenza se il cane è in un luogo angusto (il box, l'abitacolo dell'auto) o se si trova limitato nei movimenti, per esempio se è legato alla catena. Anche in canile è molto facile che si sviluppi il comportamento territoriale poiché i cani trascorrono molto tempo nel box davanti alla grata, mentre altri cani e persone passano continuamente sui marciapiedi antistanti.

Soprattutto i cani di piccola taglia esprimono la loro territorialità abbaiando nervosamente per avvisare il gruppo e chiamarlo a raccolta contro l'intruso. Il comportamento territoriale è sia difensivo che di possesso e, quando ha la possibilità di esprimersi, gratifica il cane. Se poi il potenziale intruso si allontana dopo essergli passato davanti, l'espressione intimidatoria raggiunge il successo e il cane ne riceve autoefficacia potenziando l'espressione stessa. Alcuni cani, come i molossoidi, sono portati al comportamento territoriale e spesso basta che il gruppo si sieda al tavolino di un bar per sentirsi immediatamente investiti del compito di difesa dello spazio del gruppo.

**VEDI** > MOTIVAZIONE P. 129.

**TOSSE. Espulsione violenta e sonora di aria dai polmoni, scatenata dall'infiammazione delle vie respiratorie.**

- **LA SITUAZIONE TIPO:** il cane anziano tossisce di notte e tiene sveglio il suo compagno umano.
- **A COSA PENSA IL CANE:** *«Faccio fatica a respirare»*.

## Il consiglio del medico veterinario

La tosse nei cani può essere sintomo di una malattia cardiaca, frequente nei cani anziani.

Il medico veterinario auscultando il cuore ed eseguendo anche altri esami con strumenti più specifici - ecocardiografo ed ecodoppler - potrà stabilire le cause e prescrivere i farmaci più adatti a controllare e a rallentare l'evoluzione della malattia.

È importante non sottovalutare la tosse: le malattie cardiache sono pericolose quando non vengono trattate nel modo opportuno perché possono causare danni irreversibili al cuore. Queste malattie colpiscono circa il 60% dei cani con più di 7 anni, e in particolare quelli di piccola taglia.

***VEDI*** > VETERINARIO (MEDICO) P. 177.

**UBBIDIENZA. Tendenza del cane a fare quello che gli chiediamo.**

- **LA SITUAZIONE TIPO:** la persona chiede al cane di rimanere fermo davanti alla porta del negozio nella posizione del «resta» allorché gli ha dato il segnale.
- **A COSA PENSA IL CANE:** *«Ok, sto qui ma tu fai in fretta!»*.

## Il consiglio dell'etologo

Siamo abituati a pensare che il cane debba ubbidire, esattamente come un soldatino, ai nostri segnali che consideriamo comandi o segnali di controllo. I più conosciuti sono il «seduto», il «terra», «in piedi», il «resta» e sono molto utili per favorire l'integrazione del cane nella società. Un cane capace di sedersi su nostra richiesta, di mettersi a terra, di attendere sulla soglia è in grado di partecipare maggiormente alla vita pubblica e di stare col suo partner umano in più situazioni, perciò meno a disagio in quelle sociali.

Queste espressioni vanno suscitate e non imposte: per esempio il «seduto» s'induce passando la mano con il bocconcino sopra la testa, con un gesto curvo che va dal basso (bocca-naso) verso l'alto (fronte-nuca) e dall'anteriore al posteriore, portando il cane a indietreggiare e a sedersi, premiandolo poi col bocconcino una volta seduto. Quindi il gesto diviene un segnale a cui associare la parola «seduto».

Insegnare questi comportamenti è perciò utile, tuttavia è il modo di considerarli ad essere sbagliato perché noi li chiamiamo comandi e invece sono frutto di una collaborazione. Il cane per sua natura è collaborativo, non ubbiditivo e il nostro desiderio di trasformarlo in una macchina sotto il nostro controllo non solo è sbagliato sotto il profilo etico, ma toglie le qualità più preziose dell'alleanza con lui: la capacità di donarci quello che noi non siamo in grado nemmeno di immaginare, la sua prospettiva sul mondo.

***VEDI*** > ALTERITÀ P. 29; COLLABORAZIONE P. 206; CENTRIPETAZIONE P. 202.

**UDITO. Modalità sensoriale attraverso cui il cane avverte la presenza improvvisa di eventi.**

- **LA SITUAZIONE TIPO:** il cane si alza non appena sente il rumore dell'automobile del proprio partner umano in arrivo.
- **A COSA PENSA IL CANE:** «*È lui, lo riconosco!*».

## Il consiglio dell'etologo

Il cane ha un udito molto raffinato: è addirittura in grado di sentire a un volume doppio di quello che sentiamo noi. Spesso lo sottoponiamo a vere e proprie torture quando teniamo troppo alto il volume dello stereo o della televisione. Anche per questo il cane preferisce le persone che parlano a bassa voce. Il cane inoltre attribuisce un significato diverso ai suoni a seconda della loro frequenza:

- I suoni acuti indicano paura, per cui è proprio inutile sgridarlo con questa tonalità.
- I suoni gravi sono al contrario intimidatori, per cui non sono certo indicati per fare le feste.

Inoltre il cane è in grado di udire dei suoni ad alta frequenza, gli ultrasuoni, che viaggiano molto più veloci delle frequenze che sente l'uomo: per questo è in grado di mettersi in allerta prima di noi.

L'arrivo del compagno a due zampe rappresenta sicuramente un evento importante, per questo in breve tempo il cane impara a riconoscere con grande proprietà il rumore dell'auto.

Voooolo!
Mi basta
sbattere forte
le orecchie...

È indispensabile quindi scandire bene le parole che si vogliono insegnare al cane come il «seduto», «terra», «resta», evitando le frasi o le cantilene. Ancor più efficace è la produzione di un piccolo verso o l'utilizzo di un suono molto preciso, come quello di un clicker.

Le orecchie sono peraltro un organo molto delicato che può andare incontro a infezioni da corpi estranei, come le spighe di alcune graminacee spontanee, o da ectoparassiti. Vanno sottoposte a visite periodiche dal medico veterinario per controllarne l'integrità e per rimuovere il cerume.

Il cane manifesta una sofferenza alle orecchie piegando la testa da un lato, grattandosi ripetutamente l'orecchio sofferente, piangendo se accarezzato sul lato dolorante anche solo vicino all'orecchio, diventando molto più irritabile alla manipolazione. In questi casi occorre recarsi immediatamente dal medico veterinario.

***VEDI*** > ALTERITÀ P. 29; MALTRATTAMENTO P. 114, 337; VETERINARIO (MEDICO) P. 177.

**VETERINARIO (MEDICO). Medico che pratica la medicina e la chirurgia sugli animali.**

- **LA SITUAZIONE TIPO:** mentre viene visitato, il cane svuota le ghiandole perianali sul tavolo e sul camice del veterinario.
- **A COSA PENSA IL CANE:** *«Ho paura e voglio avvertire il prossimo!».*

## Il consiglio del medico veterinario

Nel cane la comunicazione per mezzo degli odori è molto importante. Viene effettuata grazie a sostanze chimiche molto complesse (feromoni), prodotte da diverse ghiandole presenti in tutto il corpo (muso, cuscinetti plantari, zone genitali e anali, mammelle). Le ghiandole perianali sono due piccole tasche situate ai lati dell'ano, comunicanti con il retto per mezzo di due piccoli canali escretori. Producono un liquido brunastro, di densità variabile e dall'odore sgradevole.

Quando il cane subisce una forte emozione a causa di un evento doloroso o che provoca paura, svuota violentemente le ghiandole perianali.

Alcune manualità possono certamente richiedere un po' di pazienza in più: se tutti collaborano serenamente, come accade quasi sempre, la visita non sarà un evento sgradevole.

In caso di difficoltà o di manualità impegnative, è fondamentale mantenere la calma, rassicurare il cane e seguire le indicazioni del medico veterinario.

Se il cane ha particolari esigenze o è impaurito, esiste sempre l'opzione delle visite a domicilio.

***VEDI*** > PROBLEMI COMPORTAMENTALI P. 244; PULCE P. 146; ROGNA P. 155.

**VISTA. Facoltà di vedere, percepire la luce, la forma degli oggetti e degli esseri viventi.**

- **LA SITUAZIONE TIPO:** il cane si gira per vedere la persona che arriva da dietro.
- **A COSA PENSA IL CANE:** *«Ti ho visto arrivare»*.

## Il consiglio del medico veterinario

Il cane ha una capacità di vedere i dettagli e una profondità di campo inferiore all'uomo. Rispetto ai colori ha una scarsa capacità di distinguere nella banda che va dal verde al rosso, con una tendenza a vederli come toni di giallo. La sua propensione è per i colori blu e viola. Invece, vede bene al buio e ha un'eccellente vista da lontano, soprattutto dei movimenti. Riconosce facilmente il partner umano a diverse centinaia di metri, anche se questi si sta muovendo. L'abilità di distinguere i gesti da lontano è utile al suo partner umano per comunicare con lui se non è vicino. Inoltre consente al cane di comunicare a distanza con i propri simili.

Il campo visivo del cane è di circa 240°, con una zona di visione binoculare di 80° e due zone laterali di visione monoculare di 80°, che gli permette di vedere il compagno umano quando cammina al guinzaglio al suo fianco.

Più gli occhi del cane sono frontali (pechinese, bulldog), più la visione binoculare è buona e più ridotto è il campo visivo.

Al contrario, più gli occhi sono posti lateralmente (pastore tedesco, barzoi), più ridotta sarà la visione binoculare.

Ecco perché riescono a vedere il veterinario che prepara la siringa dietro di loro.

***VEDI*** > ALTERITÀ P. 29; OLFATTO P. 239; UDITO PP. 174, 278.

# ITALIANO CANE

**ABITUDINI. Stili e comportamenti che mi vengono dati nella vita quotidiana.**

- **LA SITUAZIONE TIPO:** il cane ogni tanto viene alimentato a tavola e in altri casi gli viene vietato di avvicinarsi alla tavola.
- **A COSA PENSA IL CANE:** *«Qui non si capisce mai niente!»*.

## Il consiglio dell'etologo

Noi diamo molte abitudini ai nostri cani senza chiederci se quell'atteggiamento siamo in grado di tollerarlo sempre oppure no. Con i cani ci vuole coerenza, altrimenti rischiamo di perdere la loro fiducia e di abbassare il nostro accreditamento. Se il cane ci mette le zampe addosso e noi lo accarezziamo, gli stiamo dicendo: «Bravo, è proprio questo che volevo da te». Ma se poi mette le zampe addosso a un bambino e lo fa cadere, lo sgridiamo e questo per il cane non ha alcun senso. Se un cucciolo gioca con la bocca, strappa degli indumenti o gioca con gli oggetti di casa, tutti ridono e gli fanno le feste; poi da adulto si arrabbiano se fa le stesse cose.

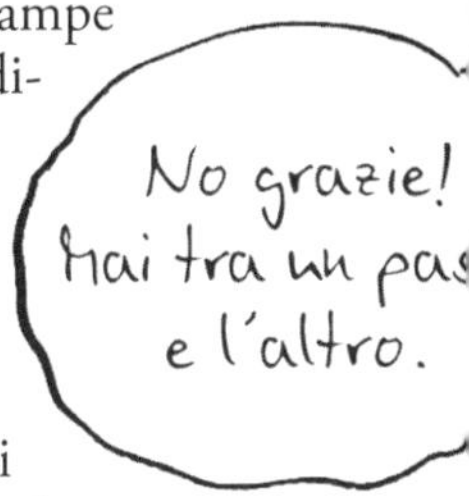


Dobbiamo perciò chiederci se quel comportamento andrà bene, in tutte le situazioni e in tutte le età del cane, evitando di comportarci in modo incoerente. Anche a tavola le variabili possono essere numerose: abbiamo degli ospiti, siamo al ristorante, ci sono dei bambini ecc.

Se abitueremo il nostro cane a ricevere del cibo accanto alla tavola, poi dovremo essere disposti a tollerare questo comportamento in tutte le situazioni. In questo caso è sconsigliabile farlo perché alla fine a rimetterci sarà proprio il cane, che vedrà limitata la sua vita. Per esempio, non potremo portarlo con noi al ristorante perché potrebbe avvicinarsi agli altri tavoli per elemosinare del cibo.

***VEDI*** > ATTENZIONE P. 50; BRAVO P. 58; RINFORZO P. 259; RITO ALIMENTARE P. 152.

**ACQUIETAMENTO. Modalità attraverso cui lei/lui mi induce uno stato di calma.**

- **LA SITUAZIONE TIPO:** lei/lui cerca di evitare di essere aggredito dal cane che gli sta ringhiando contro e volge lo sguardo da un'altra parte.
- **A COSA PENSA IL CANE:** *«Va bene, se non vuoi lo scontro è meglio anche per me».*

## Il consiglio dell'etologo

Spesso sbagliamo pensando che il cane voglia a ogni costo aggredirci e che pertanto il modo migliore per evitare il morso sia mantenere lo sguardo sul cane per tenerlo a bada. In realtà, qualunque situazione di aggressione sociale non è affatto piacevole per il cane e, se potesse, se la risparmierebbe volentieri.

Quindi di fronte un'aggressione esistono dei comportamenti della persona che:

• Aumentano il rischio dello scontro, come agitarsi o muovere le mani verso il cane, guardarlo in modo diretto e negli occhi, cercare di spaventarlo andandogli contro, mettersi a correre.

• Diminuiscono il rischio di aggressione come tenere le braccia lungo il corpo, volgere lo sguardo dall'altra parte, fermarsi e non agitarsi.

Insomma, il modo migliore per evitare lo scontro è quello di tenere un profilo defilato, che per il cane significa: «Non voglio scontrarmi con te». Non bisogna mai rivolgersi al cane né cercando di acquietarlo con parole o gesti né cercando di spaventarlo o di allontanarlo da noi.

Occorre mantenere calma e sangue freddo, far finta che il cane non ci sia perché questi comportamenti riducono l'interazione tra noi e lui e non danno occasioni o motivi perché lo scontro si accenda. Il cane ignorato, dopo aver fatto tutto il suo rituale intimidatorio, se ne va.

***VEDI*** > COMUNICAZIONE NON VERBALE P. 210; PACIFICAZIONE P. 133.

**ALLATTAMENTO ARTIFICIALE. Momento in cui il mio partner umano mi dà del latte, simile a quello della mia mamma, che mi nutre nello stesso modo.**

- **LA SITUAZIONE TIPO:** in seguito alla morte della cagna, lei/lui umano dà il biberon al cucciolo.
- **A COSA PENSA IL CANE:** *«Ho trovato una nuova mamma»*.

## Il consiglio del medico veterinario

In alcune circostanze (morte, malattia, figliata troppo numerosa, abbandono della cucciolata a pochi giorni dalla nascita), la madre non è in grado o è impossibilitata ad allattare i propri cuccioli. Per salvarli, dovete trovare una madre adottiva o dar loro il biberon.

La madre sostituiva è la soluzione migliore. Non si limiterà solo a nutrirli, ma darà loro anche il calore, l'affetto, le cure necessarie e un'educazione. Bisognerà che la cagna nutrice sia allo stesso stadio di lattazione e senza troppi cuccioli da nutrire, o che sia una cagna in pseudo gestazione. Per facilitare l'adozione, strofinate i cuccioli a quelli della cagna in modo da impregnarli con il loro odore. Anche se nei giorni successivi al parto i cuccioli si attaccano facilmente a un'altra madre, la cagna è già in grado di riconoscere i suoi.

Se non trovate una nutrice, dovrete nutrirli con il biberon.

- Procuratevi un biberon speciale per cuccioli. Assicuratevi che la tettarella sia adatta alla loro bocca e che il foro sia sufficientemente grande.
- Utilizzate un latte artificiale speciale per cuccioli.
- La 1ª settimana, dategli 8 biberon al giorno, poi 7 la 2ª, 6 la 3ª e 5 la 4ª.
- Prima della poppata, verificate che il latte sia alla giusta temperatura (37-38 °C).

• Svegliate i cuccioli prima del pasto, frizionandoli leggermente con un asciugamano umido, come se la madre li leccasse.

• Durante la poppata, tenete i cuccioli dritti per evitare che rigurgitino.

• Finito il biberon, girate ogni cucciolo sulla schiena e massaggiategli dolcemente la regione anale con del cotone o con un panno umido per stimolare il riflesso di minzione e defecazione, come se venissero leccati dalla madre dopo la poppata. Fino alla 3ª settimana, i cuccioli non sono in grado di fare i propri bisogni da soli.

• Dopo ogni utilizzo, pulite e sterilizzate accuratamente il biberon e la tettarella. I cuccioli cresciuti con latte artificiale sono facilmente soggetti a infezioni. I prodotti per la pulizia dei biberon dei neonati sono ideali a questo scopo.

• Per essere certi del buon sviluppo del cucciolo, pesatelo almeno una volta al giorno. Approfittatene per fargli delle carezze. (In questo modo favorite lo sviluppo del sistema nervoso. Un cucciolo che riceverà molti stimoli in tenera età sarà un adulto docile ed equilibrato). Durante le prime settimane, un cagnolino di solito aumenta il suo peso dal 5 al 10% al giorno o da 2 a 4 g per chilo del peso previsto da adulto. Nel giro di 8 giorni, il suo peso deve essere raddoppiato, dopo 3 settimane triplicato e in 1 mese quintuplicato. Se dimagrisce o non ingrassa per alcuni giorni, consultate il medico veterinario.

• La quantità di latte da somministrare varia a seconda dell'età e della razza dei cuccioli (sono necessari da 3 a 4 ml di latte perché un cucciolo aumenti di 1 g).

## Quantità di latte in ml per pasto in funzione del peso da adulto

| | < 10 kg | 11-25 kg | > 26 kg |
|---|---|---|---|
| 1ª settimana | 10-20 ml | 20-30ml | 25-40 ml |
| 2ª settimana | 30 ml | 50 ml | 70 ml |
| 3ª settimana | 50 ml | 70 ml | 120 ml |
| 4ª settimana | 60 ml | 70 ml | 120 ml |

• Ogni due poppate, radunate i cuccioli in una cesta perché si tengano caldo l'uno con l'altro. Potete anche sistemare una borsa dell'acqua calda o una termocoperta che riproducono almeno in parte il calore materno.

• A partire dalla 3ª settimana, iniziate a insegnare loro a bere il latte direttamente da una ciotolina.

• Può succedere che la madre non sia in grado di allattare un'intera cucciolata perché troppo numerosa. In questo caso, piuttosto che nutrire un solo cucciolo con il biberon e lasciare gli altri bere il latte materno, date il biberon alternativamente a tutti i piccoli.

• Per favorire l'imprinting del cucciolo alla specie canina, l'apprendimento dell'autocontrollo (morso, motricità) e dei rituali canini, non separatelo dai fratelli e dalle sorelle. Se è stato separato dalla madre, lasciatelo in compagnia di adulti della sua specie a partire dalla 3ª settimana.

***VEDI*** > ATTACCAMENTO PP. 48, 285; GESTAZIONE P. 97; GRAVIDANZA ISTERICA P. 104; IMPREGNAZIONE P. 106.

**ARRIVEDERCI. Formula di cortesia usata dal mio partner umano per congedarsi da me.**

- **LA SITUAZIONE TIPO:** lei/lui tiene un lungo discorso d'addio al cane prima di uscire.
- **A COSA PENSA IL CANE:** *«Mi sa che mi ritroverò da solo e ho l'impressione che questo non ti renda molto tranquillo».*

## Il consiglio dell'etologo

La maggior parte di noi si sente in colpa a lasciare solo il proprio cane quando esce di casa. Per decolpevolizzarsi e cercare di tranquillizzarlo, inizia a fargli lunghi discorsi. Incomprensibile per il cane, questo rituale non fa che aumentarne lo stress e favorire la comparsa di ansia da separazione.

Per evitarlo, 15 minuti prima della vostra partenza, siate indifferenti al cane. Non fategli né carezze né lunghi discorsi. Questa distanza diminuirà lo stress da separazione.

Quando rientrate, non ditegli che ha fatto delle sciocchezze; non dimenticatevi che una punizione è efficace solo nel momento in cui avviene il comportamento scorretto.

Se vi fa le feste, ignoratelo; aspettate che si sia calmato per chiamarlo e accarezzarlo. Se, nonostante gli sforzi, il cane continua a fare danni e disturba il vicinato, consultate il medico veterinario.

***VEDI*** > ANSIA P. 38; ATTENZIONE P. 50; RITUALE P. 263.

Mio caro amico,
è con una certa emozione... bla bla... bla bla... bla bla bla...
Oh! Oh! Va a guadagnare la pagnotta, ci vediamo stasera!

**BAGNO. Uno dei rituali del mio partner umano perché io sia pulito.**

- **LA SITUAZIONE TIPO:** lei/lui fa il bagno al cane che sembra apprezzare.
- **A COSA PENSA IL CANE:** *«Fantastico il bagno, adoro quando lui mi friziona dappertutto»*.

## Il consiglio del medico veterinario

Prima abituerete il cucciolo al bagno, meglio lo accetterà. Fategli il primo verso il 3° mese.

**Prima del bagno**: acquistate uno shampoo speciale per cani che sia adatto alla sua pelle (uno shampoo per neonati non è adatto). Diluitelo con un po' di acqua per facilitarne l'applicazione e il risciacquo. Spazzolate il pelo del cane per scioglierne i nodi. Approfittatene per pulirgli gli occhi (versate alcune gocce di lozione oculare in entrambi gli occhi, poi eliminate l'eccedenza con una salvietta senza toccare la cornea) e, all'occorrenza, le orecchie.

**Durante il bagno**: tranquillizzate il cane, soprattutto se è la prima volta che lo lavate. Mettetelo nella vasca da bagno o in una grande bacinella in giardino. Sistemate sotto le zampe un tappetino antiscivolo in caucciù. Utilizzate acqua tiepida (30 °C). Fate scorrere l'acqua lentamente sul pelo, finché non sarà tutto bagnato. Applicate lo shampoo sul collo e lungo la schiena, e frizionate energicamente per far penetrare la schiuma. Lasciate in posa alcuni minuti, poi risciacquate.

**Dopo il bagno**: asciugate il cane con un asciugamano,

poi con il phon. Se ha il pelo lungo, spazzolatelo mentre lo asciugate, dalla radice verso le punte. Se ha il pelo ondulato, fatelo nel senso inverso per gonfiare il pelo. Per i cani a pelo corto, è sufficiente asciugare strofinando bene con un asciugamano di spugna.

Aspettate che il cane sia completamente asciutto per lasciarlo uscire e 48 ore prima di applicare un trattamento antiparassitario.

***VEDI*** > PROFUMO P. 247;
STERCO P. 163;
TOELETTATURA P. 316.

**BOCCONCINO. Premio alimentare che mi viene elargito in piccole quantità ogni volta che faccio qualcosa che migliora la mia integrazione nel gruppo sociale.**

- **LA SITUAZIONE TIPO:** ogni volta che il cane sta calmo, il suo partner umano gli dà un bocconcino.
- **A COSA PENSA IL CANE:** *«Ho capito che se sto calmo tu mi premi»*.

## Il consiglio dell'etologo

L'apprendimento per conseguenza rappresenta uno dei modi più semplici per insegnare al cane un particolare comportamento gradito. L'apprendimento può avvenire attraverso:

• **La serendipity**: il cane, mosso da una sua esplorazione o modalità interattiva, mette in atto un'espressione, che arriva al suo compagno umano in maniera casuale, e questi la premia se utile-corretta.

• **L'ingaggio**: il partner umano focalizza l'attenzione del cane su un obiettivo e crea un problema che deve superare per tentativi, andandolo a premiare ogni qualvolta fa qualcosa in più per avvicinarsi alla soluzione.

• **L'esempio**: il partner umano mostra con il proprio corpo o con la mano ciò che il cane deve fare andando a premiare i suoi tentativi di approssimarsi al comportamento voluto.

Il bocconcino è l'elemento maggiormente utilizzato nell'apprendimento per conseguenza perché rinforza e sollecita l'espressione del cane. Il bocconcino è dato come «premio», inaspettato, per rinforzare alcuni comportamenti socialmente adattativi o come «ricompensa», una sorta di incentivo, per chiedere al cane un comportamento, ossia per focalizzare la sua attenzione verso l'obiettivo.

Talvolta il bocconcino diventa esso stesso «obiettivo», come nel caso dei giochi di attivazione mentale dove è nascosto (sotto un bicchierino o una copertura) e il cane deve mettere in atto un comportamento, come prendere con la bocca e alzare o spostare con la zampa, per poterlo raggiungere.

Altre volte il bocconcino viene utilizzato per richiamare il cane - in questo caso parliamo di «esca». L'utilizzo del bocconcino nelle situazioni di didattica lo trasforma in «aspettativa» ed è arduo distinguere se premio o ricompensa.

Tuttavia, un eccesso di utilizzo del bocconcino può rendere il cane troppo dipendente dal premio alimentare e questo non facilita il suo equilibrio.

**VEDI** > APPRENDIMENTO P. 41; RINFORZO P. 259.

**CAREZZA. Modalità attraverso cui l'essere umano vuole manifestarmi la propria vicinanza e il proprio affetto.**

- **LA SITUAZIONE TIPO:** il cane sdraiato su un fianco e lei/lui accucciato accanto lo accarezza sul dorso.
- **A COSA PENSA IL CANE:** *«Che bella invenzione, le coccole!».*

## Il consiglio dell'etologo

Spesso diamo per scontato che la carezza o il contatto con la mano oppure anche solo l'orientare le mani in segno di rassicurazione siano un messaggio universale di pace e di desiderio di vicinanza, espressione affettiva di facile e sicura comprensione per qualunque essere vivente.

In realtà, si tratta di una lettura antropocentrica che non tiene conto del fatto che solo i primati e pochi altri mammiferi sono provvisti di arti anteriori utili per le funzioni sociali di *grooming*, cure parentali, comunicazione affettiva.

Il cane deve imparare questa funzione della mano dell'uomo perché la corretta lettura non è affatto intuitiva; senza contare che spesso a complicare le cose è il frequente utilizzo delle mani per punire. Il cucciolo legge la mano come un target in movimento, un po' simile alla coda, per cui le prime disposizioni che gli vengono sollecitate dal movimento delle mani sono la motivazione predatoria e l'innalzamento dell'attivazione emozionale: il cane si orienta subito con la presa mandibolare.

Se, viceversa, la mano dell'uomo arriva con dolcezza e con il dorso e si muove lentamente evitando i frizionamenti ma proseguendo oltre il corpo, ecco che il cucciolo impara a interpretare la mano secondo le coordinate affettive, sociali, affiliative.

Questa lettura è ovviamente la preferita da chi ha come compagno un cane, ma va costruita evitando tre errori, ossia:

- Assecondare troppo il gioco predatorio con difficoltà di raggiungere il rilassamento.
- Iniziare subito con la presa palmare impostando il gioco competitivo.
- Preferire il proprio riscontro tattile trattando il cucciolo come un peluche da frizionare.

La mano dovrà essere nelle prime fasi di interazione un surrogato della lingua materna, pertanto svolgere la stessa funzione di sollecitazione cutanea utile sia per il tono muscolare e la circolazione linfatico-sanguigna, sia per lo sviluppo cognitivo dello schema corporeo. Il cucciolo non conosce ancora il proprio corpo e soprattutto non ha che una rappresentazione parziale dello schema somatico (com'è articolato il suo corpo), cosicché la sollecitazione cutanea, che la mamma svolge leccandogli il mantello, ha una funzione esperienziale esattamente come la ricerca olfattiva.

I primati assolvono tale funzione con le mani mentre i carnivori con la lingua e più in generale con l'area orale: essa permette da una parte una corretta rappresentazione del corpo nella mente del soggetto, dall'altra un modello di base del modo di impostare le relazioni affettive.

Puoi fare di meglio!!!
Impegnati un po'...

Si tratta di un'esperienza fondamentale nei mammiferi che occupa una posizione centrale nello sviluppo del cucciolo e la cui mancanza o scorrettezza può dar luogo a quei problemi inquadrati come «alterazioni evolutive». Questo significa che la manipolazione del cucciolo è molto importante per il suo sviluppo individuale e sociale ma, proprio per questo, richiede un'attenzione e un inquadramento che anche l'educatore dovrebbe saper impostare.

Esiste un'educazione alla corretta lettura della mano ma altresì un'istruzione rispetto al modo di accarezzare e ai diversi contesti di contatto. Sappiamo, per esempio, che:

- La sollecitazione dell'area ventrale o viscerale ha a che fare con i comportamenti et-epimeletici, pertanto massaggiare il cane in questa zona del corpo mantiene tale comportamento di affidamento e fiducia verso il partner umano.
- L'area dorsale o vertebrale presenta dei punti focali (il cervicale e il lombare) dove si ancorano i muscoli del treno anteriore e posteriore, quindi il corretto massaggio di queste aree abbassa la tensione dell'intero corpo e ha effetti ansiolitici.
- La sollecitazione degli arti, soprattutto a livello articolare e podale, è centrale per aumentarne la consapevolezza e migliorare le capacità cinestesiche del soggetto.
- Infine esiste l'area facciale, che ha un'importante funzione sociale e comunicativa e quindi richiede una forte attenzione rispetto anche alle esigenze di marcatura.

***VEDI*** > ALTERITÀ P. 29; AMICIZIA P. 31; BRAVO P. 58; EPIMELETICO P. 226; RINFORZO P. 259.

**CENTRIPETAZIONE. Modalità attraverso cui il mio partner umano assume una rilevanza prioritaria ai miei occhi e viceversa anch'io divento rilevante per lei/lui.**

- **LA SITUAZIONE TIPO:** lei/lui cerca inutilmente di richiamare il cane mentre sta correndo al parco verso altri cani.
- **A COSA PENSA IL CANE:** *«Correre è molto più bello che tornare da te».*

## Il consiglio dell'etologo

Chi vive con un cane si rende conto di avere scarsa capacità di appeal per il proprio compagno a quattrozampe quando tenta inutilmente di richiamarlo allorché questi sta facendo qualcosa di estremamente piacevole. Si tratta in realtà di un problema che si rende evidente in queste situazioni ma che è già presente nella vita della coppia. Ovviamente, se la persona non ha rilevanza per il cane, sarà inutile chiamarlo ad alta voce quando è tutto preso da un'attività piacevole ed è calamitato verso altri referenti molto più attraenti.

Per poter richiamare il cane è necessario prima di tutto assumere rilevanza ai suoi occhi, e il processo che rende possibile questo accreditamento prende il nome di centripetazione. La centripetazione del cane si basa su tre fasi che vanno costruite con gradualità; solo l'ultima consente di richiamare il cane in una situazione di centrifugazione, come nel caso riportato:

- **Focalizzazione**: il partner umano diventa un target per il cane.

• **Mediazione**: il partner umano diviene l'intermediario per la gratificazione del cane.

• **Riposizionamento**: il partner umano è in grado di richiamare il cane fortemente attratto dall'esterno.

Queste tre fasi richiedono particolari attenzioni ed esercizi ad hoc studiati per non inibire né frustrare il cane.

La focalizzazione è il primo passo e consiste nel rendere evidente e attraente il partner umano agli occhi del cane. Per prima cosa dovrà imparare ad attrarre il cane in situazioni dove questi non è centrifugato attraverso:

• Il movimento e gli scarti di lato, sapendo che per il cane questo rende qualunque cosa più interessante.

• La ricerca, per esempio chinandosi e facendo finta di cercare qualcosa nell'erba.

• Il versetto ottenuto schioccando la lingua sul palato, che richiama lo sguardo del cane.

• Il «dài-dài» ripetuto che ingaggia il cane a un'attività di interazione con il partner umano.

Allorché il cane si volta verso di lui o lo raggiunge, questi lo premia con un bocconcino. A questo punto la focalizzazione si basa su un concetto molto semplice: «Vicino al mio compagno umano accadono sempre cose piacevoli» e si realizza camminandogli accanto e tirando dei bocconcini vicino a sé.

In questo caso abbiamo una **focalizzazione** in movimento, molto utile poi nella conduzione al guinzaglio. Abbiamo quindi l'accreditamento, che si basa anche sulle capacità della persona di assumere un ruolo coordinativo.

Poi si dovrà lavorare sul rendere la mano un target interessante sia attraverso l'accreditamento della mano (da lì arrivano i bocconcini) sia attraverso il *louring* (segui il movimento della mano).

La **mediazione** è il secondo step e ha un'importanza fondamentale in tutta la relazione, per esempio per evitare il comportamento impulsivo. Consiste nel fare in modo che il cane consideri il proprio umano l'intermediario per ottenere più velocemente quello che desidera e quindi non persegua gli obiettivi in modo diretto e individuale. I lupi (da cui i cani derivano) infatti hanno due procedure operative: *1)* se l'obiettivo è alla loro portata, per esempio cacciare un piccolo roditore, partono in modo diretto; *2)* se l'obiettivo è più oneroso, per esempio cacciare un cervo, cercano la concertazione di gruppo. Obiettivo della mediazione è di rendere l'opzione *2* prevalente cosicché il cane si rivolge al proprio umano ogni qualvolta ha bisogno di qualcosa.

Gli esercizi sono:

- **Le richieste**, per esempio il *doggy-zen* che consiste nel tenere un bocconcino nel pugno stando fermi, farlo annusare al cane che cercherà di prenderlo e darglielo non appena si ferma e ci guarda.
- **I permessi**, di cui il rito alimentare è un esempio, cioè: appoggiare la ciotola se il cane sta fermo e quindi dargli il «vai».

Gli esercizi di mediazione aiutano anche a favorire l'autocontrollo del cane oltre che trasformare il suo partner umano in un riferimento utile a cui rivolgersi tutte le volte che si sente calamitato verso un target o un'attività.

Una volta realizzate sia la focalizzazione che la mediazione, si può passare al **riposizionamento**, vale a dire riportare il cane centrifugato verso di sé. Un esempio è l'esercizio del «no gratificato»: ci si china accanto al cane, si mette un bocconcino per terra, allorché il cane si avvicina per prenderlo lo si copre con la mano e gli si dice in modo molto dolce «no»; non appena il cane al suono del «no» si volta verso di noi, lo si premia con l'altra mano dandogli un bocconcino.

In questo modo il «no» diventa una risorsa utile per fermare il cane che sta facendo qualcosa di pericoloso, per esempio prendere un boccone in terra al parco (purtroppo c'è anche il rischio che sia un'esca avvelenata). In questo caso il «no» non è più una sola inibizione («Non fare, non prendere»), ma si trasforma in un invito («Se mi guardi, arriva qualcosa di piacevole»).

***VEDI*** > AMICIZIA P. 31; COLLABORAZIONE P. 206; GERARCHIA P. 94; RINFORZO P. 259; UBBIDIENZA P. 172.

**COLLABORAZIONE. Modalità attraverso cui interpreto le relazioni e le attività all'interno del mio gruppo affiliativo, ossia della mia squadra.**

- **LA SITUAZIONE TIPO:** lei/lui gioca con il cane pensando o di distrarlo o di farsi ubbidire, per esempio chiedendogli il riporto.
- **A COSA PENSA IL CANE:** «*Che bello fare le cose insieme!*».

## Il consiglio dell'etologo

Il cane è un animale collaborativo, instancabile nel cercare sempre delle attività da condividere, portato a interpretare ogni situazione in modo collettivo, desideroso di compiacerci per sentirsi parte del gruppo. Noi umani costruiamo delle comunità complesse, strutturiamo delle regole sociali articolate e delle dimensioni sociali a più livelli (la famiglia, la comunità, il paese) che definiscono strati di appartenenza e tuttavia rimaniamo individualisti. Il cane, viceversa, costruisce la sua identità nel gruppo, si identifica nel gruppo e pensa all'attività e alla proposta come movimento di un gruppo. Per il cane comandare significa coordinare ed è un'attività al servizio del gruppo, non l'espressione di un privilegio sugli altri.

Molti sbagliano utilizzando per la socialità del cane dei modelli umani semplificati o rozzi, come il concetto di dominanza. In realtà la sua socialità, seppure non multistratificata come quella umana, è molto più complessa nelle dinamiche perché fondata sul collettivo e sulla collaborazione.

Corro dietro a questo coso, ritorno alla casa base e il mio compagno umano è contento!

Il cane felice è quello che viene coinvolto nelle attività del partner umano e non quello dimenticato e lasciato in una situazione non partecipativa, fosse pure nelle comodità dell'ozio domestico ma ancor più se dimenticato in giardino. Sbaglia chi ritiene che dare al cane dei compiti significhi sfruttarlo perché, al contrario, vuol dire coinvolgerlo e aumentare la sua autostima. Bastano compiti molto semplici, come portare un oggetto, per rendere il nostro cane più felice.

Anche la vicinanza che il cane ricerca o ci accorda non va interpretata solo come bisogno affettivo ma come desiderio di essere coinvolto. Il cane vuole stare con noi perché la sua identità non è individuale ma collettiva: vuole partecipare alla vita del gruppo, essere presente e condividere, dare il proprio contributo al gruppo. Anche il più piccolo monolocale per il cane è meglio rispetto all'isolamento in giardino. Insieme a noi si sente sicuro perché si avverte come gruppo, l'unica condizione che gli è veramente congeniale. Pertanto il modo migliore per assolvere i bisogni etologici del cane è quello di vivere la relazione con lui a 360°, portandolo sempre con noi e facendolo partecipare a tutte le nostre attività. Questo significa anche dargli delle regole e degli stili: lui è desideroso di apprendere come si sta in una particolare situazione.

Anche quando imposta un'attività competitiva, per esempio prendere un oggetto e scappare («prova a prenderlo») o fare un tira-molla con un oggetto («vediamo chi è più forte»), il cane ha in mente il gruppo e cerca di vedere chi deve assolvere il compito coordinativo. In un certo senso, anche la competizione ha il retrogusto della collaborazione, ossia ha la finalità di ottimizzare le azioni di squadra del gruppo. Questo significa che il modo migliore per impostare questi giochi è costruire degli stili collaborativi: nel caso degli oggetti presi impostare uno scambio, e nel tira-molla individuare delle regole come «smetti di tirare quando io mi fermo». Quanto maggiori saranno le attività di collaborazione, tanto più il cane si sentirà soddisfatto, ossia accreditato dal gruppo.

Un altro aspetto che spesso viene equivocato dall'uomo riguarda l'ubbidienza e i comandi («terra», «seduto», «resta» ecc.). Il cane non ubbidisce ma collabora, pertanto organizziamo le nostre richieste non come desiderio di una cieca obbedienza quanto piuttosto come preambolo di un'attività collaborativa. Tra l'altro, la collaborazione è molto più soddisfacente della semplice ubbidienza perché consente al cane di darci delle plusvalenze che non appartengono all'umano (pensiamo solo alle sue qualità nella ricerca olfattiva).

Anche i comandi, definiti talvolta come «segnali di controllo», non sono né comandi né controlli: il cane quando si siede dà un consenso, cioè acconsente di sedersi per noi in vista di un'attività condivisa. Per questo è opportuno costruire questi segnali come preambolo di eventi condivisivi: «Se ti siedi, poi insieme faremo delle cose piacevoli».

***VEDI*** > AMICIZIA P. 31; CENTRIPETAZIONE P. 202; GIOCO P. 101; UBBIDIENZA P. 172.

**COMUNICAZIONE NON VERBALE. Modalità con cui il partner umano mi invia messaggi attraverso il corpo, ovvero utilizzandolo per comunicare secondo il canale visivo, tattile, olfattivo, uditivo.**

- **LA SITUAZIONE TIPO:** lei/lui fa un lungo discorso al proprio cane e il cane lo guarda con grande attenzione.
- **A COSA PENSA IL CANE:** «*Non capisco niente, ma che bello ascoltarti!*».

## Il consiglio dell'etologo

Si pensa che il modo migliore per comunicare con il cane sia con il linguaggio verbale e per questo si provano lunghi discorsi che ovviamente il quattro zampe non comprende. Il *media* più importante della comunicazione con il cane è sicuramente non verbale o con il corpo. Chi non è in grado di comunicare bene con il corpo, eccedendo nel verbale (verbosità) e non badando ai gesti e alle posture o presentandosi in modo contraddittorio, sarà inevitabilmente frainteso dal proprio cane. Comunicare bene significa sapere cosa vuol dire una particolare posizione del corpo o come impostare il gesto del «seduto» per farsi capire.

I principali ambiti di comunicazione non verbale sono:

- **La postura**, ovvero come il corpo si propone nel suo complesso.
- **I gesti**, che effettuiamo soprattutto con le mani.
- **Le coreografie**, i movimenti globali del corpo nello spazio.
- **La mimica facciale**, ossia le diverse espressioni che il nostro viso può assumere.

• **La prossemica**, che prende in considerazione la geometria spaziale dell'approccio.
• **L'aptica**, ovvero la comunicazione tattile nella carezza come nel contatto.
• **L'olfattiva**, grazie alla trasmissione di molecole emesse dalla cute.
• **La paraverbale**, ovvero attraverso versi, soffi, sbuffi e più in generale vocalizzazioni non verbali.

I primi cinque ambiti fanno riferimento al canale visivo, mentre gli ultimi tre si riferiscono al tatto, all'olfatto e all'udito.
Attraverso una corretta comunicazione corporea si trasmette al cane sicurezza favorendo il proprio accreditamento, serenità promuovendo calma e autocontrollo, precisione nelle richieste e negli ingaggi.
Per quanto concerne la postura, il cane è particolarmente sensibile a rilevare:
• La naturalezza e il rilassamento del portamento rispetto alla tensione.
• L'estensione (stare ben dritti sulle spalle) e la ferma direzionalità verso gli obiettivi, quindi la sicurezza nel rapporto con il mondo.
• La flessibilità, ossia la capacità e la disponibilità di accucciarsi per incontrare in modo corretto il cane.

Ricordiamoci che la postura è lo stato del corpo fermo e in movimento, ovvero essere rigidi o rilassati, dritti o incurvati, diretti (tutto il corpo è rivolto verso l'obiettivo) o incerti e contradditori. Queste caratteristiche si evidenziano soprattutto in passeggiata, perché una postura corretta dà al cane direzione e voglia di affidarsi, altrimenti ci si ritroverà a strattonarlo, a trascinarlo o addirittura a farsi portare da lui.

I gesti rappresentano le parole e dovrebbero essere utilizzati per indicare («vai a prendere la pallina»), per richiedere («mettiti seduto»), per ingaggiare («dài, giochiamo»), per sollecitare un'iniziativa («prova a risolvere questo problema»). Il gesto deve essere molto chiaro, perché il cane deve impararlo. Dobbiamo evitare sia troppi gesti per lo stesso significato che, al contrario, troppi significati per un solo gesto, cercando di mantenere il rapporto 1:1 e far sì che i differenti gesti non si assomiglino.

Per favorire l'interpretazione del gesto occorre cercare di focalizzare l'attenzione del cane sul movimento della mano, tenendo fermo il resto del corpo per evitare di confonderlo con troppi richiami. Il movimento del corpo non viene valutato dal cane solo in termini di postura ma anche a seconda delle coordinate di movimento:

- **Velocità**, in termini di valore e di andamento (accelerato o decelerato).
- **Traiettoria**, per esempio nell'avvicinamento in linea retta o a ellissi.
- **Coerenza**, vale a dire se diretto sul target o contraddittorio.
- **Fluidità**, ovvero non a scatti ma costante e graduale.

La cinetica del corpo è importante perché un corpo in movimento può impaurire, assecondare, farsi seguire, ingaggiare, focalizzare. Con il cane sono importanti la velocità media, la decelerazione in avvicinamento, la traiettoria ellittica di approccio, la coerenza direzionale e la fluidità.

Per quanto concerne la mimica facciale, il cane è straordinario nell'osservarci e capire, soprattutto per quanto concerne le disposizioni: osserva in modo particolare gli angoli della bocca che se sollevati indicano buone disposizioni, se abbassati minaccia.

Alcuni cani imparano dall'uomo a sorridere come segnale di «benvenuto». Anche il corrugamento della fronte e dell'aria sopraccigliare è importante per capire le disposizioni emozionali del partner umano: se assumiamo l'aria accigliata, anche solo per scherzo, il nostro cane si preoccupa e cerca di pacificare.

La comunicazione aptica (tramite contatto fisico) rappresenta un mezzo di comunicazione essenziale che purtroppo l'uomo non sempre interpreta in senso comunicativo. Il contatto può essere semplicemente realizzato tenendo la mano sul corpo del cane o attraverso la carezza: nel primo caso indica alleanza e può servire per rafforzare una particolare disposizione o espressione comportamentale del cane, un po' come il concedere attenzione; nel secondo caso assume più una connotazione parentale, per cui se effettuata correttamente dà accreditamento, se scorretta può favorire la centralità del cane nel rapporto con la persona e nel gruppo.

Rispetto alla comunicazione olfattiva sappiamo che il cane riconosce molto meglio i nostri odori di quanto li riconosciamo noi e che le emozioni danno luogo a risposte fisiologiche, specifiche anche sotto il profilo olfattivo.

Per questo è corretto parlare di una comunicazione olfattiva anche se non ne possiamo avere alcun controllo.

Più importante la comunicazione paraverbale, che dovrebbe essere perfezionata con cura sapendo che per alcune funzioni, come per esempio il richiamo, il verso è molto meglio del nome.

***VEDI*** > CAREZZA P. 198; COMUNICAZIONE VERBALE P. 216; GERARCHIA P. 94; PACIFICAZIONE P. 133; PROSSEMICA P. 249.

**COMUNICAZIONE VERBALE. Modo attraverso cui il mio partner umano mi richiede particolari comportamenti o mi comunica le sue intenzioni.**

- **LA SITUAZIONE TIPO:** lei/lui cerca di spiegare al cane che deve aspettare dicendogli: «Ti darò la pappa solo fra tre ore».
- **A COSA PENSA IL CANE:** *«Ah, bene, "pappa" significa che si sta per mangiare».*

## Il consiglio dell'etologo

La verbosità è una caratteristica di noi umani che ci affidiamo alle parole e alla narrazione per comunicare o richiedere qualcosa. Il cane però preferisce il linguaggio non verbale, anche se è in grado di cogliere alcuni dei messaggi verbali che gli indirizziamo. Infatti riesce a cogliere il significato di alcune parole: per esempio, sa a cosa si riferisce il suono «pappa» o «palla», per cui state pur certi che nel primo caso si precipiterà verso la ciotola, nel secondo andrà in cerca del giocattolo per divertirsi con voi.

Per favorire l'apprendimento delle parole (e il cane può arrivare a conoscere anche un'ottantina di vocaboli), occorre aiutarlo con il gesto o con un'assidua presentazione dell'oggetto.

Tuttavia, il cane attribuisce alle parole un valore indicativo: la parola «pappa» evoca immediatamente l'immagine della pappa come presenza nel «qui e ora», e non narrativo, per cui le frasi: «Non ti do la pappa» oppure «Domani ti do la pappa» significano per il cane «Pappa adesso!».

Le nostre lunghe frasi sono piacevoli per il cane, un po' come delle canzoni cantate in una lingua che non conosciamo, ma non hanno un significato comunicativo in senso stretto. Per questo non è sbagliato parlare al proprio cane, ma non pretendiamo di comunicargli cose precise.

Inoltre al verbale il cane preferisce il co-verbale, vale a dire che è più attento al tono o all'intonazione della voce, a cui puntualmente attribuisce significati precisi:

- Gli acuti indicano richiesta di aiuto.
- I gravi indicano assertività o intimidazione.

Infine il cane non ama chi parla ad alta voce e troppo velocemente perché lo sovrastimola, lo irrita e in certi casi lo spaventa. Se parleremo a bassa voce e lentamente saremo anche più accreditati dal cane.

***VEDI*** > COMUNICAZIONE CON IL CORPO P. 294; COMUNICAZIONE NON VERBALE P. 210; MARCATURA URINARIA P. 304; PACIFICAZIONE P. 133; VOCALIZZAZIONE P. 318.

**CONOSCENZE. Strumenti che utilizzo per muovermi nel mondo, per aumentare le mie competenze e raggiungere/ottenere delle gratificazioni.**

- **LA SITUAZIONE TIPO:** il cane ha imparato ad aprire le porte.
- **A COSA PENSA IL CANE:** *«Che bello essere autonomi!».*

## Il consiglio dell'etologo

Se un tempo si riteneva che gli animali fossero macchine mosse da automatismi, da cui i concetti di istinti e condizionamenti, oggi invece si ritiene che il comportamento animale sia frutto di uno stato mentale, ossia di un pensiero, e che l'apprendimento non produca automatismi bensì conoscenze che l'animale utilizza in modo libero.

L'approccio cognitivo si basa sul concetto di conoscenza che, come la mappa di una città, fornisce delle coordinate di utilizzo ma non stabilisce in modo rigido la funzione: la mappa mi dice quello che posso fare ma l'itinerario lo scelgo io.

Le conoscenze sono schemi di elaborazione dei dati che arrivano al cane dal mondo e costituiscono:

- **Vocabolari**, per cui il guinzaglio vuol dire passeggiata, la ciotola indica che si mangia, la palla introduce il gioco.
- **Rappresentazioni** della realtà esterna, per esempio la casa, il parco, i luoghi che visitiamo, che come mappe danno al cane coordinate di orientamento.
- **Schemi somatici**, riferiti alla conoscenza delle diverse parti del corpo e dei movimenti che si sanno fare.

- **Prassie**, vale a dire modalità precise di manipolare il mondo, per esempio alzare con la bocca, spingere con la zampa, toccare con il naso.
- **Euristiche**, ossia modi per risolvere i problemi e uscire da condizioni di scacco.
- Le **immagini** di ricerca, vale a dire le cose utili che spiccano nel contesto e che il cane ricerca.
- Gli **stili relazionali**, ovvero come si comunica, ci si relaziona, si sta insieme.

• Gli **elementi del mondo**, quelli cioè con cui si assume familiarità e che pertanto non spaventano, per esempio l'automobile, le grate ecc.

L'insieme delle conoscenze costituisce le dotazioni esperienziali del cane e maggiori saranno più gli daremo la capacità di adattarsi al nostro mondo, il che per inciso non è affatto semplice. Il cane deve farsi queste conoscenze che non sono riferite solo al mondo esterno ma anche al proprio corpo. In altre parole, nella sua mente devono realizzarsi anche le rappresentazioni di schema somatico, se vogliamo che si senta a proprio agio nel corpo e sappia utilizzarlo nelle attività e nella relazione, evitando di essere impreciso o eccessivo quando non addirittura totalmente incapace di compiere un particolare movimento.

Le conoscenze rappresentano quindi l'interfaccia tra la mente del cane e il mondo e questa interfaccia può essere a banda larga se l'istruzione ha arricchito il cane, determinando un buon adattamento, o viceversa a banda stretta, con tutte le problematiche che ne conseguono: incapacità, insicurezza, timidezza, disadattamento, ansia ecc.

***VEDI*** > APPRENDIMENTO P. 41; MODELLAGGIO P. 119; MODELLAMENTO P. 121.

**DIMENSIONI DI RELAZIONE. Modalità con cui il mio partner umano interpreta il rapporto con me definendo il mio ruolo e le tipologie di attività relazionali prevalenti.**

- **LA SITUAZIONE TIPO:** lei/lui continua a pulire e spazzolare il proprio cane impedendogli di andare a giocare sul prato perché non si sporchi.
- **A COSA PENSA IL CANE:** «*Che barba questa mania estetica!*».

## Il consiglio dell'etologo

Le persone adottano un cane mosse da interessi diversi e di conseguenza costruiscono la relazione con lui sulla base di ruoli attribuiti e attività di relazioni particolari. C'è chi vede nel cane un piccolino bisognoso di cure e assume un ruolo parentale considerandosi la mamma e il papà, continuando questo tipo di interazione anche quando è adulto o addirittura anziano.

Per altre persone il cane è una base sicura a cui chiedono continue conferme affettive e verso cui sviluppano una dipendenza che il cane interpreta come bisogno di protezione.

Per altri ancora il cane è un compagno di gioco col quale compiere attività eccitatorie e ipercinetiche, tutte basate sul divertimento, sugli scherzi, sul movimento e poco inclini alla calma e all'affettività. Alcuni hanno il cane perché lo impiegano in particolari attività e interpretano la sua presenza solo sulla base della performance richiesta esattamente come se si trattasse di uno strumento.

C'è chi ha il cane perché ama fare passeggiate, chi ha la mania delle esposizioni, chi attraverso il cane trova un appiglio per socializzare con altre persone.

Tuttavia, si tratta di rapporti squilibrati che limitano fortemente le possibilità espressive del cane ed eludono gran parte dei suoi bisogni comportamentali e relazionali. Molto spesso, se un cane presenta una deriva comportamentale, la causa non sta nel soggetto ma nella relazione con il partner umano che, anche inconsapevolmente, limita il rapporto e restringe il campo espressivo del cane.

In questi casi occorre aiutare la persona a limitare i suoi eccessi e soprattutto dargli possibilità di gratificazione in attività di relazione attinenti alle dimensioni deficitarie. Per esempio, l'eccesso parentale può essere mitigato attraverso attività ludiche e attività

collaborative; l'eccesso estetico va limitato attraverso attività esplorative come le lunghe passeggiate al parco e attività collaborative; gli eccessi performativi si mitigano con attività di cura e affettive.

***VEDI*** > ALTERITÀ P. 29; AMICIZIA P. 31; COLLABORAZIONE P. 206; UBBIDIENZA P. 172.

**DISTACCO. Momento finale del processo di attaccamento attraverso il quale raggiungo la mia autonomia e maturità affettiva.**

- **LA SITUAZIONE TIPO:** il cane rimane a dormire da solo.
- **A COSA PENSA IL CANE:** *«Adesso posso farcela»*.

## Il consiglio dell'etologo

L'attaccamento è un processo evolutivo importante deputato a costruire il profilo esperienziale del cane perché la base sicura (prima la madre e poi il partner umano) dà sicurezza al cucciolo e quindi sostiene la sua esperienza con il mondo. Inoltre, la base sicura indirizza il suo sviluppo cognitivo comportamentale aiutandolo nella costruzione della sua identità. Ma questo processo ha un obiettivo: rendere il cucciolo autonomo.

Per questo un buon attaccamento deve concludersi nel distacco, che non significa fine del legame con l'umano bensì costruzione di un rapporto sociale e non parentale.

Per favorire il distacco è necessario che il partner umano aiuti il cucciolo a stare tranquillo sulla sua copertina anche quando ci si sposta per la casa ed eviti comportamenti morbosi come tenere il cane sempre attaccato o farlo dormire con sé. Il distacco infatti evita che il cane diventi insicuro e adesivo, cioè non raggiunga quell'autonomia che gli consente di stare qualche ora da solo senza entrare in uno stato di panico.

Se non c'è il distacco il cane in breve svilupperà uno stato ansioso che darà luogo a problemi di distruttività in casa, ma soprattutto farà soffrire enormemente il cane. Aiutarlo nello sviluppo della sua autonomia è pertanto un dovere educativo, ma è un risultato che si raggiunge attraverso passaggi graduali: per esempio, il cane inizia imparando a stare sulla copertina mentre l'umano si muove nella stanza; si può aiutarlo poi con un ossetto a superare brevi momenti di allontanamento dalla stanza; occorre insegnargli con estrema gradualità, ma anche con decisione, a riposare da solo.

**VEDI** > ANSIA P. 38; ATTACCAMENTO PP. 48, 285; EPIMELETICO P. 226.

**EPIMELETICO. Dimensione comportamentale che ha a che fare con l'ambito delle cure parentali.**

- **LA SITUAZIONE TIPO:** il cane dà la zampa.
- **A COSA PENSA IL CANE:** *«Sono un cucciolo, devi prenderti cura di me»*.

## Il consiglio dell'etologo

Possiamo distinguere due tipi di comportamenti riguardanti la cura:

- **Il comportamento epimeletico**, vale a dire di offerta di cura, per esempio quello della madre verso i cuccioli.
- **Il comportamento et-epimeletico** o di richiesta di cura, per esempio le richieste dei cuccioli verso la madre.

Entrambi questi comportamenti diventano dei modelli comportamentali che il cane utilizza anche nelle relazioni sociali e che quindi in età adulta travalicano il semplice ambito parentale. I comportamenti epimeletici diventano comportamenti di aiuto verso un compagno: sono molto frequenti i casi di cani che rischiano la propria vita per salvare un altro membro del gruppo, umano o canino. Anche la tendenza a portare oggetti o al riporto presente in alcune tipologie di cani, come i retriver, è da attribuirsi alla loro forte motivazione epimeletica.

I comportamenti et-epimeletici vengono invece utilizzati quando il cane si trova in difficoltà: per esempio quando vuole pacificare, quando desidera invitare, quando ci chiede qualcosa, quando vuole autotranquillizzarsi.

I più comuni sono:
- Dare la zampa.
- Mettersi su un fianco.
- Mettersi a pancia all'aria.
- Leccarci il viso.
- Leccarsi il naso.

Tutte queste espressioni sono tipiche dei cuccioli e rivolte alla madre per ottenere qualcosa ma, una volta adulti, i cani le utilizzano anche in altri contesti ogni volta in cui vogliono mostrarsi indifesi e bisognosi di protezione.

***VEDI*** > ACQUIETAMENTO PP. 186, 282; ATTACCAMENTO PP. 48, 285; COMUNICAZIONE NON VERBALE P. 210; PACIFICAZIONE P. 133.

**FARMACO. Strana piccola pillola che il mio partner umano tenta di farmi ingoiare come se fosse una crocchetta.**

- **LA SITUAZIONE TIPO:** il cane deve ingoiare una compressa tutti i giorni.
- **A COSA PENSA IL CANE:** *«Ha il colore e la forma di un boccone prelibato, ma di certo non ha lo stesso sapore».*

## Il consiglio del medico veterinario

Il medico veterinario dispone di un notevole arsenale terapeutico. È però necessario che il cane accetti di prendere il farmaco senza troppe difficoltà. Per questo motivo, alcuni laboratori farmaceutici veterinari hanno messo a punto delle compresse ricoperte per migliorarne il gusto e facilitarne la somministrazione. Se, nonostante tutto, il cane storce il naso, potete sbriciolargliela nel cibo o nasconderla in un pezzo di formaggio a pasta molle. E se lo stratagemma non funzionasse (alcuni cani hanno un fiuto eccezionale per annusare i medicinali), non vi resta che mettergliela in gola voi stessi:

- Mettete il pollice e l'indice su entrambi i lati della mascella.
- Tirate verso l'alto la mascella per far scivolare la testa leggermente all'indietro.
- Abbassate la mandibola con l'altra mano.
- Mettete la pastiglia il più possibile in fondo alla lingua per favorire la deglutizione.
- Tenete al cane la bocca chiusa, massaggiando leggermente la gola.

• Verificate che abbia inghiottito la compressa e fategli due complimenti. Potete rivestire la medicina con qualche sostanza alimentare che faciliti la deglutizione.

***VEDI*** > VETERINARIO (MEDICO) P. 177.

**GATTO. Piccolo animale a quattro zampe, che miagola e graffia, ma che vale la pena conoscere.**

- **LA SITUAZIONE TIPO:** lei/lui sistema davanti al proprio cane, che non ha mai visto un gatto in vita sua, una cassetta con un gattino.
- **A COSA PENSA IL CANE:** *«Cos'è questa bestiola?»*.

## Il consiglio del medico veterinario

L'ostilità tra cane e gatto non è ereditaria. Alla nascita, il cucciolo non ha alcun pregiudizio sulla specie felina. È durante il periodo di socializzazione che si creerà un'opinione propria. Perché sia amico di un gatto, l'ideale è che crescano insieme, sin dalla più tenera età. Attenzione, l'amicizia tra specie diverse è molto selettiva. Se il cucciolo ha un legame di amicizia con un gatto bianco, non è detto che vada d'accordo con tutti i gatti del quartiere. E se, una volta adulto, il vostro cane non ha mai visto un gatto, lo può considerare come selvaggina da cacciare, soprattutto se quest'ultimo fugge quando lo vede.

Per facilitare la convivenza, adottate un gattino che abbia socializzato con i cani. Per proteggere il gattino, fate capire al cane che è sotto la vostra protezione. Sistematelo sulle ginocchia, chiamate il cane e fatelo sedere al vostro fianco. Se si comporta bene, ricompensatelo. Se si mostra aggressivo, sgridatelo e mandatelo a cuccia. Per tranquillizzare il gattino, spruzzate sul muso e sui fianchi del cane del feromone facciale del gatto.

**VEDI** > AGGRESSIONE PREDATORIA P. 19; IMPREGNAZIONE P. 106; SOCIALIZZAZIONE PRIMARIA P. 314.

**GIOCATTOLI. Oggetti che consentono di impostare un gioco con me e di darmi momenti di esplorazione e distrazione.**

- **LA SITUAZIONE TIPO:** il cane se ne sta su una pila di giocattoli e intanto tiene in bocca le ciabatte del proprio compagno umano.
- **A COSA PENSA IL CANE:** *«È tutto mio!»*.

## Il consiglio dell'etologo

I giocattoli sono strumenti molto importanti per rafforzare il legame con il proprio partner umano, per dare al cane un'attività piacevole quando sta solo, per impostare particolari giochi ed esercitarlo su certe motivazioni, per dare un indirizzo evolutivo al cucciolo. Occorre quindi scegliere i più adatti, avere cura nel modo di darglieli e usarli in modo corretto durante il gioco.

Non tutti i giocattoli infatti vanno bene:

- Spesso nei negozi si trovano giocattoli a forma di animali o bambolotti che emettono dei suoni quando il cane li prende in bocca, e che ovviamente rischiano di favorire il comportamento predatorio.
- Se il problema già lamentato riguarda la distruttività (le gambe dei mobili, gli indumenti, le scarpe, la tappezzeria) occorre evitare giocattoli dello stesso materiale, vale a dire di legno, di stoffa, di spugna ecc.
- Talvolta si utilizzano oggetti improvvisati - come palline da tennis, legnetti, sassi o indumenti dismessi (per esempio un paio di scarpe

vecchie) che possono essere pericolosi perché contengono materiale che, se ingerito, può causare seri danni o favoriscono i comportamenti distruttivi.

Per quanto concerne il modo di darglieli è necessario:

- Evitare che il cane sviluppi forme di possessività sugli oggetti: per questo non bisogna riempirlo di giocattoli e mai attivare forme di competizione, strappandoglieli di bocca.
- Fare in modo che sia il suo umano ad accreditare il giocattolo, dandogli attenzione e tenendolo in mano, altrimenti il cane preferirà altri oggetti accreditati dal gruppo, come le pantofole o il telecomando.

• Attribuire un senso relazionale al giocattolo: lo do come patto per farlo star tranquillo sulla copertina; lo do come oggetto di scambio; lo do come premio o come incentivo per ingaggiare il cane in una particolare attività.

Per quanto riguarda l'utilizzo occorre:

• Sapere che alcuni giocattoli, come quello per il tira-molla, richiedono delle corrette regole di gioco.

• Evitare sempre lo stesso gioco, evocato da un certo giocattolo, per prevenire che il cane trovi gratificazione in una sola attività.

• Non dare al cane timido o insicuro un gioco troppo difficile che potrebbe sensibilizzarlo, frustrarlo o suscitare delle fobie.

• Non utilizzare gli oggetti di gestione come la pettorina o il guinzaglio né assecondare il cane quando propone un oggetto di casa.

• Scegliere sempre prodotti appositamente per i cani e preferire oggetti di gomma dura.

***VEDI*** > APPRENDIMENTO P. 41; GIOCO P. 101; MOTIVAZIONE P. 129; RINFORZO P. 259.

**GUINZAGLIO. Strumento che consente di portarmi fuori in sicurezza.**

- **LA SITUAZIONE TIPO:** lei/lui tiene il guinzaglio sempre tirato.
- **A COSA PENSA IL CANE:** *«Questa non è una passeggiata, è una tortura!»*.

## Il consiglio dell'etologo

Il guinzaglio è una cintura di sicurezza, ciò che ci consente di passeggiare con il nostro cane senza temere che gli possa accadere qualcosa di spiacevole. Non dobbiamo usare il guinzaglio per contenere il cane o per tirarlo come se fosse un trolley, né per punirlo attraverso strattoni o usandolo come frusta o tanto meno per fare il tira-molla. Il guinzaglio deve essere avvertito dal cane come un filo che ci lega a lui attraverso una comunicazione dolce e gentile ma soprattutto rispettosa delle sue esigenze comunicative con il mondo e in particolare con gli altri cani che incontriamo.

- Per questo è bene munirsi di un guinzaglio di stoffa della lunghezza di circa 3 metri, ripiegabile all'occorrenza attraverso un anello per divenire di un metro e mezzo nelle situazioni dove il cane necessita di un maggiore controllo.
- Bisogna evitare i flexi, che sono molto pericolosi perché estensivi - per esempio, se il cane entra in un ascensore - e perché, se strappati di mano, possono arrivare a tutta velocità sulla testa del cane.
- Non utilizziamo guinzagli fatti con materiale di risulta, come corde o altro, o troppo corti. Il cane deve sentirsi a

proprio agio in passeggiata, anche perché questo è un momento molto importante nella relazione tra cane e persona.

Per utilizzare bene il guinzaglio è necessario imparare a muoversi con il cane vicino, esercitandosi in casa, senza affidarsi al guinzaglio. Ci aiutano in questo obiettivo la tecnica del *louring* e la capacità di comunicazione con il corpo. Se vogliamo dare indicazioni sulle direzioni è necessario dirigere il proprio corpo nella direzione prefissata, incurvandosi verso il cane e dando con la mano un'ulteriore indicazione direzionale.

Questa propedeutica al guinzaglio come primo aspetto aiuta a costruire nella mente del cane un copione di movimento condiviso, ma presenta altresì un'azione educativa anche su di noi: ci porterà a fare meno affidamento alla tensione del guinzaglio. Le persone infatti quando vogliono cambiare direzione lo tirano e, allo stesso modo, se incrociano un altro cane lo accorciano, avvolgendoselo tipicamente intorno al braccio. Entrambi questi comportamenti sono sbagliati.

- Per cambiare direzione è necessario dare libertà di movimento al cane e quindi è indispensabile allentare la tensione del guinzaglio e invitare con il corpo e con la mano a seguire la direzione voluta.

• Anche l'incrocio deve essere fatto a regola d'arte, allargandosi verso l'esterno e allentando il guinzaglio per consentire al cane di mettere in atto quei segnali che rappresentano il corretto galateo di incontro.

Molte lamentano spesso che il cane tira al guinzaglio rendendo loro la passeggiata un momento di sofferenza, in quanto rischiano di essere travolti dall'esuberanza del cane. Ancora una volta, il problema presenta diverse sfaccettature che devono essere affrontate per poter arrivare a una solu-

zione. Di certo un'educazione alla calma e gli esercizi di autocontrollo rappresentano dei preziosi alleati alla diminuzione del problema.

Stessa cosa può dirsi per gli esercizi di centripetazione, che rafforzano nel cane una rappresentazione di coppia. Quindi occorre lavorare in un ambiente neutro, come il campetto, dove cioè il cane non ha la solita rappresentazione di lui che tira come un forsennato per raggiungere tutti i luoghi di rito da annusare e marcare.

Qui cercheremo di reimpostare la passeggiata al guinzaglio attraverso due attenzioni:

- Fermarsi non appena il cane tira, in modo da diminuire questa tendenza attraverso una punizione negativa (togliere qualcosa di piacevole).
- Cambiare la direzione di frequente, in modo da aumentare la tendenza del cane ad affidarsi al partner.

Un esercizio utile può essere la «*start line*», che consiste nel definire un punto di partenza e un punto target dove è presente un premio alimentare. Avvicinarsi al punto target con il cane al guinzaglio e ritornare al punto di partenza ogni volta che il cane tira.

In breve il cane imparerà che il modo corretto e utile per raggiungere un target è quello di non tirare il guinzaglio.

***VEDI*** > CALMA P. 62; PETTORINA P. 139.

**OLFATTO. Senso molto sviluppato che utilizzo per sapere ogni cosa sugli esseri umani e i miei simili, e per trovare ogni tipo di oggetto.**

- **LA SITUAZIONE TIPO:** il cane annusa il partner umano che è rientrato tardi dall'ufficio dicendo: «Ero preso fino al collo!».
- **A COSA PENSA IL CANE:** *«Sei di nuovo passato dal bar».*

## Il consiglio del medico veterinario

Il fiuto del cane è in grado di rilevare odori anche dopo molte settimane dal loro deposito, dalla concentrazione un milione di volte inferiore a quella percepita dall'uomo. Se qualcuno mente sui luoghi e le persone che ha frequentato, è impossibile imbrogliare il cane (per fortuna non può parlare!).

Grazie al fiuto eccezionale, un cane istruito è in grado di ritrovare una persona a partire da un pezzo di tessuto, di fiutare una persona sepolta sotto uno spesso strato di neve, un sacchetto di droga racchiuso in una valigia o un tartufo nascosto sotto diversi centimetri di terra. Da una ventina di anni, i medici insegnano ai cani come segnalare la presenza di cancro (pelle, vescica, polmone, seno).

***VEDI*** > ANNUSARE PP. 33, 284; ESPLORAZIONE P. 84; UDITO PP. 174, 278; VISTA P. 179.

Il bus ha bucato!
... e tu quanti punti hai fatto a calcetto con i tuoi compagni al bar?

**PREGIUDIZI. Idee sbagliate che gli umani hanno nei miei riguardi e che si traducono in comportamenti che mi creano problemi.**

- **LA SITUAZIONE TIPO:** lei/lui mette il muso del cucciolo nella pipì per insegnargli a farla fuori.
- **A COSA PENSA IL CANE:** *«Ho capito che è pipì!»*.

## Il consiglio dell'etologo

Purtroppo circolano molte leggende metropolitane sul cane e queste idee sbagliate hanno una capacità di diffusione impressionante. Ancora oggi c'è chi dice che il modo migliore per insegnare al proprio cane a non fare la pipì in casa sia quello di mettergli il muso sui bisognini... come se una mamma volesse insegnare al proprio neonato a non farsela addosso sbattendogli il pannolino sporco in faccia.

Le funzioni eliminatorie sono un aspetto molto delicato, che pertanto non deve essere vissuto dal cane in modo problematico e soprattutto non devono creare una frizione col partner umano: quindi evitiamo questa sciocchezza e abituiamolo in modo corretto e positivo a sporcare fuori.

Un'altra leggenda riguarda il modo di inibire un particolare comportamento del cane attraverso la punizione: c'è chi dice che bisogna prendere il cucciolo per la collottola e scrollarlo, chi arriva a dire che bisogna mordere l'orecchio del cucciolo, c'è infine chi si sente gentile perché usa il giornale o fa un rumore improvviso. Queste modalità sono tutte sbagliate perché basate sul somministrare uno stimolo spiacevole al cane, un intervento che provoca sempre una criticità nel rapporto.

Non parliamo poi del modo di condurre il cane al guinzaglio:

• Si tira il guinzaglio e si danno strattoni al cane per fargli cambiare direzione quando, al contrario, si dovrebbe allentare il guinzaglio.

• Si pensa che il cane non debba annusare per terra durante la passeggiata e stare con la testa in alto quando, al contrario, la passeggiata dovrebbe essere un momento piacevole e rilassante.

• Si accorcia il guinzaglio quando si incontrano altri cani, mentre al limite bisognerebbe rilasciarlo per permettergli i rituali di saluto.

• Si usano strumenti come il *gentle leader*, il collare a strozzo o con le punte, per evitare che il cane tiri, quando compromettono la salute del cane.

• Si usano guinzagli allungabili (flexi) pensando di far piacere al cane, mentre sono estremamente pericolosi e causano ogni anno un gran numero di incidenti mortali.

I pregiudizi riguardano anche la lettura dei comportamenti:

• Si pensa che il cane faccia i dispetti quando distrugge in casa, mentre invece è solo preso dal panico.

• Si ritiene che il cane che si mette in mezzo quando i coniugi si abbracciano sia geloso, quando al contrario è normale che voglia partecipare alle relazioni del gruppo e, se assume un ruolo coordinativo, si senta chiamato a controllare.

Ma le leggende riguardano un po' tutto: chi non ha sentito dire che il dobermann al 7° anno impazzisce perché gli si restringe il cranio? Allo stesso modo c'è chi pensa che esistono razze pericolose, che il cane ha l'istinto di uccidere e che pertanto non ci si può fidare, che per essere accreditati occorre diventare dominanti, che il cane sarà tanto più fedele quanto peggio lo tratteremo.

I pregiudizi sono ancora molti - come il ritenere che se un cane viene vaccinato perde l'olfatto, che se una femmina di una certa razza si accoppia con un cane di un'altra farà sempre meticci ecc. -, purtroppo difficili da sradicare.

***VEDI*** > ALTERITÀ P. 29; AMICIZIA P. 31.

**PROBLEMI COMPORTAMENTALI. Atteggiamenti, espressioni e stili che creano delle criticità nella mia gestione, nelle mie capacità adattative, nelle mie relazioni con il mondo.**

- **LA SITUAZIONE TIPO:** il cane non vuole entrare nell'automobile.
- **A COSA PENSA IL CANE:** *«Per favore, questo no!»*.

## Il consiglio dell'etologo

I problemi comportamentali hanno diversa natura; possiamo distinguerli in:

• **Problemi pedagogici**, vale a dire carenze che il cane presenta perché, essendo in età evolutiva, ha bisogno di un indirizzo di sviluppo.

• **Problemi relazionali**, legati cioè al campo espressivo che il suo partner umano offre al cane e quindi non imputabili a lui bensì alla relazione in cui è inserito.

• **Problemi psicologici**, ovvero riferiti a rappresentazioni sbagliate che il cane ha del mondo o perché non ha fatto conoscenza con qualcosa o perché ha subito un trauma.

• **Problemi psichiatrici**, ossia riferibili ad alterazioni complessive del sistema neurobiologico e del sistema endocrino o immunitario.

Sempre di fronte a un problema comportamentale ci si deve rivolgere prima di tutto al medico veterinario, per avere la certezza che non vi sia un problema somatico o infettivo. Per esempio, se il cane si lecca ripetutamente una zampa potremmo trovarci di fronte a un problema comportamentale, ma prima dobbiamo essere certi che non ci siano problemi epatici, un'alimentazione sbagliata, un'allergia o una dermatite infettiva o infestiva.

Se ci troviamo di fronte a un cucciolo o a un soggetto in età evolutiva, dobbiamo sapere che il suo profilo comportamentale è ancora in fase di strutturazione, è cioè un cantiere ancora aperto, che richiede attività di indirizzo, di disciplina, di perfezionamento. Se il cucciolo appena adottato non trattiene i bisognini, certo per noi è un problema, ma per il cane è del tutto fisiologico. Il cucciolo ha pertanto bisogno di un intervento educativo (costruzione del suo carattere) e istruttivo (costruzione del pacchetto di conoscenze di base) e quindi l'intervento giusto sarà quello pedagogico.

Se ci troviamo di fronte a chi chiede al proprio cane quello che questi non gli potrà mai dare, che gli attribuisce necessità inesistenti e viceversa gli nega bisogni essenziali, che lo inserisce in situazioni relazionali confuse, contraddittorie e incoerenti... allora il problema non è il cane, ma la relazione. Diviene perciò necessario reimpostare la relazione più che intervenire sul cane. Finché la relazione non cambierà, quel cane non potrà esprimersi correttamente.

Il problema è invece psicologico se ci troviamo di fronte a un soggetto adulto che ha rappresentazioni errate di alcuni oggetti o situazioni:

• Nel loro valore: per esempio, le biciclette non sono delle minacce.

• Nello stile di relazione: per esempio, non si mettono le zampe addosso.

• Nel modo di andare al guinzaglio: per esempio, non si tira.

• Nelle modalità di interazione con il mondo: per esmpio, non si abbaia al prossimo.

• Nel tipo di marcatura emozionale: per esempio, l'automobile non deve suscitare paura.

• Nela tipologia di target per una motivazione: per esempio, non si rincorrono i bambini.

In questi casi è necessario mettere in atto delle sedute di psicoterapia che modifichino il modo di interpretare tali oggetti o situazioni.

Se, infine, il problema è molto più profondo e siamo di fronte a una vera e propria patologia cognitivo comportamentale, è necessaria l'azione congiunta di un medico veterinario comportamentale e di un istruttore cinofilo per individuare un vero e proprio intervento medico attraverso una prescrizione che tenga conto di tutte le variabili fisiologiche del soggetto.

Anche in questo caso il medico veterinario è in grado di dare la giusta collocazione al problema, ossia il livello di intervento richiesto.

***VEDI*** > AGGRESSIONE SOCIALE P. 22; ALTERITÀ P. 29; ANSIA P. 38; APPRENDIMENTO P. 41; DIMENSIONI DI RELAZIONE P. 221; FOBIA P. 86; VETERINARIO (MEDICO) P. 177.

**PROFUMO. Sostanza aromatica che caratterizza l'odore del mio compagno o compagna umani.**

- **LA SITUAZIONE TIPO:** la partner umana si spruzza un nuovo profumo al muschio e il cane va ad annusarla.
- **A COSA PENSA IL CANE:** *«Hai un nuovo odore?»*.

## Il consiglio del medico veterinario

Le capacità olfattive variano da razza a razza. Più il muso del cane è lungo, più la mucosa olfattiva è diffusa e l'olfatto sviluppato. Tra tutte le razze canine, i cani da muta come il bloodhound o il foxhound hanno il miglior fiuto. I cani di piccola taglia, a muso appiattito, non sono da meno quando si parla di ottimo fiuto.

Il cane è in grado di seguire la pista del partner umano e di riconoscerlo non importa quale sia il suo odore, che sia composto da odori propri (pelle, sudore, aria espirata) o aggiunti (profumo, sigaretta, abiti, ambiente…).

Cambiando il profumo, il partner umano modifica in parte la sua firma olfattiva e il cane non se ne rende conto immediatamente. Se siete abituati a un profumo, non cambiatelo: eviterete di mettere in difficoltà il vostro cane.

***VEDI*** > ANNUSARE PP. 33, 284; OLFATTO P. 239; STERCO P. 163; TOELETTATURA P. 316.

Allora Sultano, che ne pensi del mio nuovo profumo?
Chi è questa signora che assomiglia alla mia compagna umana?

**PROSSEMICA. Modalità di porre il proprio corpo nei miei confronti, in termini di distanza e geometria, essenziale per comunicare correttamente e mettermi a mio agio.**

- **LA SITUAZIONE TIPO:** lei/lui sulla soglia si pone frontalmente al cane che chiede l'accesso in casa, mentre col gesto gli dice di entrare.
- **A COSA PENSA IL CANE:** *«Insomma, vuoi che entri o no?»*.

## Il consiglio dell'etologo

Il nostro corpo comunica anche attraverso la geometria degli spazi, vale a dire che per il cane è molto diverso porsi nei suoi riguardi frontalmente, lateralmente, obliquamente, posteriormente, vicino, lontano o di schiena. Ognuna di queste posizioni vuol dire cose differenti:

• La **posizione frontale** indica confronto e può pertanto assumere i significati di opposizione all'accesso («Guai a te se avanzi!»), di intimidazione («Ce l'ho con te»), di asserzione («Io sono più forte»), di contenzione («Stai fermo lì»), quindi non è certo la posizione migliore per incontrare il cane: o per invitarlo a entrare, anzi può addirittura diventare pericolosa in caso di interazione con un cane sconosciuto.

• La **posizione laterale** è invece quella migliore per incontrare il cane, può significare alleanza («Mi piace quello che stai facendo e ti appoggio»), interesse («Voglio conoscerti meglio»), permesso («Mi fai avvicinare?»).

• La **posizione obliqua** può assumere due varianti ossia quella frontale a 45°, la migliore quando si vuole chiedere al cane di fare qualcosa, per esempio il «seduto»; posteriore semivoltato, la migliore per indicare la direzione quando vogliamo che il cane ci segua.

• **Mettersi dietro al cane** significa incitarlo verso qualcosa («Dài, vallo a prendere!») o contro qualcuno («Attaccalo!») o perché ci difenda («Sono nelle tue mani»), pertanto in questa posizione magari tendendo il guinzaglio il nostro cane difficilmente farà amicizia con un altro cane o umano che incontra frontalmente.

• La **vicinanza** indica forte affiliazione («Siamo una squadra»), pertanto quanto più accorcio il guinzaglio, soprattutto nell'incontro con altri cani o persone, tanto più il cane li affronterà in modo assertivo e conflittuale, forte della nostra vicinanza.

• La **distanza** indica esattamente il contrario («Non ti appoggio») e serve per diminuire la spavalderia del cane, inoltre rispettare le distanze significa per il cane essere una persona o un cane ben educato.

• **Voltarsi e porsi di schiena** significa dire in modo chiaro che non ci è piaciuto quello che il cane ha fatto, per esempio mettere le zampe addosso o abbaiare.

Incontrando un cane è indispensabile rispettare la comunicazione prossemica perché rappresenta il primo indizio a disposizione del cane circa le nostre intenzioni. Nelle situazioni di affollamento le distanze sono sacre per il suo benessere e per il suo corretto comportamento.

***VEDI*** > ACQUIETAMENTO PP. 186, 282; COMUNICAZIONE NON VERBALE P. 210; PACIFICAZIONE P. 133.

**PUNIZIONE. Evento spiacevole che ha luogo ogni volta che metto in atto un certo comportamento.**

- **LA SITUAZIONE TIPO:** lei/lui si volta e se ne va ogni volta che il cane gli mette le zampe addosso.
- **A COSA PENSA IL CANE:** *«Questa cosa non gli piace proprio»*.

## Il consiglio dell'etologo

Quando chi ha un cane chiama un educatore per migliorare la sua relazione, in genere enumera una lunga lista di comportamenti che vorrebbe che il cane non mettesse in atto, in altre parole, il suo protocollo educativo si limita a una sequela di no. Se chiediamo al partner a due zampe cosa vorrebbe che il suo cane facesse, sorpreso puntualmente ci risponderà: «Niente, che stia buono!».

Molte persone non hanno coscienza di come un cane sia mosso dal desiderio di fare e non semplicemente di astenersi. È indispensabile trasformare almeno il 90% delle richieste inibitive espresse dal partner umano in apprendimenti a fare attività alternative. L'inibizione infatti, anche quando non realizzata in modo avversivo - ossia evitando la somministrazione di stimoli sgradevoli (quali possono essere una minaccia o un colpo col giornale) -, introduce sempre una situazione spiacevole che inevitabilmente andrà a marcare in modo negativo la situazione relazionale.

È peraltro vero che è indispensabile dare delle regole e queste sovente presentano delle chiusure di certe espressioni, come il precipitarsi sulle cose o il mettere le zampe addosso.

La mamma fa esattamente così quando blocca il cucciolo o si frappone in modo da impedire l'accesso a una particolare risorsa. Tuttavia, occorre ricordarsi che un mammifero viene al mondo per apprendere a fare e non per imparare a non fare; se esagereremo con l'inibizione, inevitabilmente andremo a perdere il nostro educando. Inoltre, se già il cucciolo è timido o insicuro, è bene andare cauti con l'intervento inibitivo per evitare di peggiorare questa situazione.

L'intervento inibitivo prende il nome di punizione e ha come scopo il diminuire l'espressione di un comportamento o addirittura una scomparsa dello stesso. Esistono due tipi di punizione:

• **La punizione+ o positiva**, che contrariamente all'appellativo è da sconsigliare, consiste nel somministrare uno stimolo spiacevole, che provochi cioè paura, disgusto, fastidio, sofferenza, frustrazione.

• **La punizione- o negativa**, quella accettabile, consiste nel togliere qualcosa di piacevole (per esempio, l'attenzione, lo sguardo, il movimento, la mano, la presenza, l'interazione) ogni volta che il cane mette in atto un comportamento che vogliamo scoraggiare.

Mentre la **punizione positiva** trasforma il partner umano in una fonte di disagio - non solo è eticamente sbagliata, ma crea una frattura nel processo di affidamento e fiducia -, la **punizione negativa** non ha queste controindicazioni e non fa vivere il partner umano come elemento da cui può arrivare qualcosa di spiacevole.

Pronto?
Sos cane
maltrattato?

Inoltre la punizione negativa non sollecita le emozioni negative (paura, disgusto, allerta) che andrebbero a marcare in modo inadeguato il rapporto tra il cane e il mondo.

Non dobbiamo poi dimenticare che la somministrazione di eventi spiacevoli può avere un'*escalation* per cui all'inizio la persona urla, poi minaccia, quindi usa il giornale o le ciabatte per poi passare alle mani, quando non addirittura ad altri oggetti.

Va sottolineato un punto: la mano dell'uomo deve sempre essere associata a eventi piacevoli e gli esercizi di *louring* (segui il movimento della mano) hanno proprio questo scopo. Utilizzare la mano per picchiare, anche solo una volta, compromette in modo grave il nostro lavoro: non si deve mai picchiare il cane né usare le mani nemmeno per minacciare.

La punizione positiva è sempre da evitare anche quando non è basata sulla violenza fisica, per esempio nel provocare:

- **Paura** attraverso un rumore improvviso, un urlo, un comportamento minaccioso.
- **Disgusto** attraverso odori fastidiosi come l'alcool o sapori speziati, per esempio il pepe.
- **Allerta** o **ansia** attraverso situazioni conflittuali.

Anche l'utilizzo del «no» secco a scopo inibitivo è sconsigliabile. Le persone usano il «no» anche troppo spesso e non è il caso di incentivarne un utilizzo in stile minaccioso. L'uso del «no» va disciplinato partendo dal presupposto che inevitabilmente le persone ne esagerano l'espressione: a tale riguardo è utile trasformare il «no» da evento punitivo a evento di ingaggio, con il significato di «Guardami». Per fare questo è necessario utilizzare il «no» in modo dolce - come se fosse un richiamo - e costruito in modo tale da gratificare lo sguardo del cane («Tutte le volte che al "no" ti volti verso di me, ti premio con un bocconcino»). A questo punto il «no» assume un significato di ingaggio - «Guarda me che arriva qualcosa di bello» - e perde la valenza inibitiva. In altre parole, il «no» gratificato trasforma il «no» da inibizione («Non fare») ad alternativa interessante («Guardami»).

Infine, occorre ricordare che la punizione positiva si presta a essere comminata anche come modo per sfogare il proprio nervosismo, con il rischio di essere incoerente. Ogni intervento regolativo del comportamento, pertanto anche quello inibitivo, richiede una grande coerenza perché solo così il cane può apprendere che quell'espressione o quello stile sono da evitare, altrimenti non valuterà il comportamento bensì l'umore del partner umano.

Molto più utile la **punizione negativa**, che si basa sul togliere qualcosa di piacevole, per esempio interrompere un'attività di gioco, voltarsi e sospendere l'interazione con il cane, guardare da un'altra parte e non dare attenzione. La punizione negativa è molto più efficace e non crea problemi nel cane, ma richiede un maggiore impegno da parte del partner umano perché non è facile togliere l'attenzione.

Una precauzione peraltro è d'obbligo. Quando giochiamo o facciamo una certa attività con il cane, arriva il momento di terminare l'interazione ed è necessario individuare un segnale (il «finito») che gli dia l'indicazione che l'attività è giunta al suo termine, per evitare che interpreti la nostra chiusura come una punizione negativa.

***VEDI*** > ATTENZIONE P. 50; BOCCONCINO P. 196; MALTRATTAMENTO PP. 114, 337; RINFORZO P. 259.

**RICHIAMO. Modalità attraverso cui il mio partner umano mi riporta verso di sé.**

- **LA SITUAZIONE TIPO:** lei/lui al parco cerca disperatamente di richiamare il cane.
- **A COSA PENSA IL CANE:** *«Faccio finta di non sentire».*

## Il consiglio dell'etologo

Per poter richiamare il cane è necessario prima di tutto aver lavorato bene sulla centripetazione, in modo tale da assumere rilevanza ai suoi occhi: lui viene verso di noi non perché costretto, ma perché siamo accreditati e gratificanti. Si deve quindi lavorare bene sul linguaggio corporeo: scegliere una postura chinata, accogliente o fare dei movimenti con il corpo a cui associare il verso di richiamo, che può essere per esempio il nome. La voce deve essere dolce, mai intimidatoria (anche quando siamo spazientiti), brillante, vale a dire invitante, allegra, carica di promesse, con toni acuti e un ritmo sostenuto. Per questo sarebbe consigliabile utilizzare nomi brevi e differenti dalle parole di uso comune, così che per il cane sia evidente che ci siamo rivolti a lui.

Se il cane è tutto preso a fare una certa attività, a meno che non sia pericolosa o inopportuna, sarebbe meglio lasciargliela compiere, per non passare da guastafeste o sprecare il richiamo in una situazione complessa.

Se, tuttavia, vogliamo richiamarlo in una situazione in cui è fortemente centrifugato (per esempio, corre dietro ad altri cani), è meglio prima fare un'attività centripetativa, come correre dall'altra parte, giocare con un oggetto, cercare nell'erba, e solo quando si rivolge a noi utilizzare il richiamo come segnale accogliente. La cosa peggiore è corrergli dietro richiamandolo, perché così facendo incentiveremmo la sua centrifugazione.

Se una volta il cane non arriva al nostro richiamo, evitiamo assolutamente di sgridarlo quando ritorna, per evitare che quella successiva il ritorno sia più difficile e richieda un tempo maggiore.

**VEDI** > PUNIZIONE P. 251; RINFORZO P. 259.

**RINFORZO. Modalità attraverso cui è possibile incentivare un mio particolare comportamento.**

- **LA SITUAZIONE TIPO:** il cane quando si mette tranquillo sulla copertina viene ricompensato con un bocconcino.
- **A COSA PENSA IL CANE:** *«Se faccio così, ottengo qualcosa di piacevole»*.

## Il consiglio dell'etologo

Il contrario della punizione è il rinforzo e ha come finalità l'aumento di una particolare espressione comportamentale.

L'apprendimento nel cane si basa soprattutto sulle conseguenze, pertanto un'azione verrà riproposta se a essa segue un evento:

- **Piacevole**, come l'arrivo di un bocconcino.
- **Gratificante**, come la possibilità di esprimere le proprie disposizioni.
- **Accreditante**, per esempio il «bravo» che indica consenso del gruppo.
- **Autoefficace**, ovvero se consente di realizzare i proponimenti del cane.
- **Stimolante**, se attiva il cane.
- **Relazionale**, se aumenta la coesione del gruppo con il cane.

Tutte queste conseguenze vanno considerate dei rinforzi e incentivano le espressioni messe in atto dal cane. Non tutto ciò che per l'uomo è piacevole lo è anche per il cane: questi non ha bisogno di medaglie e sicuramente non ama certi lussi come l'essere alimentato con il cucchiaino. Molto spesso si dice che chi antropomorfizza il cane lo vizia, quando in realtà utilizzare gli stili umani nel rapporto con lui significa maltrattarlo.

I rinforzi possono essere di due tipi, proprio come le punizioni:

- **Il rinforzo+n o positivo** è dato dal somministrare o far accadere un evento piacevole per il cane.
- **Il rinforzo-n o negativo** è dato dal togliere al cane una situazione spiacevole, come allentare il guinzaglio quando si mette tranquillo o non tira.

È sempre meglio utilizzare il **rinforzo positivo**, lo strumento più importante di tutto il processo pedagogico. Il **rinforzo negativo** è ammissibile solo se l'evento spiacevole non è causato da noi; per esempio, il cane si ferisce con uno spino e viene da noi, il toglierlo è per l'appunto un rinforzo negativo. Anche quando il cane ha una particolare urgenza (deve fare pipì o desidera uscire) e ce lo comunica attraverso particolari espressioni, l'aprire la porta è un rinforzo negativo. Come per la punizione, è importante la tempestività nel dare un rinforzo, altrimenti rischiamo di andare a incentivare un secondo comportamento messo in atto dal cane nell'intermezzo che noi interponiamo tra la sua azione e l'arrivo della ricompensa. Per far questo è utile che il partner umano tenga sempre nella tasca dei bocconcini. Devono stare in tasca per evitare l'eccessiva focalizzazione del cane sul cibo e l'effetto esca, ma anche a portata di mano in modo tale da essere dati con tempestività ogni volta che il cane mette in atto dei comportamenti che desideriamo.

Non valgono niente queste ricompense! Non sono nemmeno dei bocconcini!

Nelle sessioni di insegnamento può aiutarci l'uso di un *clicker*, ossia di uno strumento che emette un suono molto preciso e facilmente avvertibile dal cane:

- Prima di tutto faremo capire al cane che al suono del *clicker* consegue un premio, attraverso una breve sessione esercitativa; il cane lo apprende in fretta.
- Poi, ogni volta che il cane mette in atto un comportamento che desideriamo o che si avvicina a quello desiderato, faremo suonare il *clicker*.
- Infine, premieremo il cane con un bocconcino.

In questo modo è più facile far capire al cane che è proprio quel comportamento che desideriamo, poiché il *clicker* viene interpretato come una sorta di «bene, hai fatto la cosa giusta».

Per chi non vuole portare in tasca i bocconcini per non sporcare gli indumenti, esistono in commercio dei portabocconi che risolvono l'inconveniente.

***VEDI*** > APPRENDIMENTO P. 41; MODELLAGGIO P. 119; PUNIZIONE P. 251.

**RITUALE. Comportamento originale che acquisisce un significato particolare all'interno del mio branco familiare.**

- **LA SITUAZIONE TIPO:** nuovamente adottato, il cane guarda la partner umana, con fare interrogativo, quando questa gli agita sotto gli occhi un guinzaglio per portarlo a fare una passeggiata.
- **A COSA PENSA IL CANE:** *«Che bello, si esce»*.

## Il consiglio dell'etologo

Con il tempo, le persone e il loro amico a quattro zampe danno vita a una marea di rituali, come agitare il guinzaglio

quando è ora di andare a fare la passeggiata. Questi rituali sono tipici di ogni gruppo. Facilitano la comunicazione e sono essenziali alla coesione della famiglia. Possono anche favorire l'ansia da separazione, come i rituali di partenza e ritorno.

Quando un cane adulto viene adottato, i rituali appresi nella vecchia casa sono raramente gli stessi della famiglia che lo accoglie. Questa incapacità di comunicare può essere motivo di ansia.

Per facilitarne l'inserimento, non bisogna sgridare il cane se non risponde correttamente ad alcuni rituali, ma dimostrare di essere pazienti per insegnargli il loro significato e svilupparne progressivamente di nuovi.

***VEDI*** > AMICIZIA P. 31; COLLABORAZIONE P. 206; GERARCHIA P. 94; UBBIDIENZA P. 172.

**SALTO. Manifestazione saltellante non sempre apprezzata dal mio partner umano.**

- **LA SITUAZIONE TIPO:** il cane salta addosso alla partner umana appena rientrata, che lo prende in braccio.
- **A COSA PENSA IL CANE:** *«Saltare è un eccellente modo per essere coccolato»*.

## Il consiglio dell'etologo

Questo modo di accogliere il partner umano è comune in molti cuccioli. Poco fastidioso, addirittura divertente in principio, diventa presto problematico quando il cane cresce. Ha come scopo quello di attirare l'attenzione. Prendendo in braccio il cane per calmarlo, soddisfate la richiesta di contatto, rinforzando così il comportamento. Non stupitevi se, la volta successiva, salta ancora di più quando arrivate.

Per insegnarli a non saltare, non respingetelo con le mani (crederà che sia un gioco), non punitelo, restate calmi, girategli le spalle e ignoratelo. Capirà velocemente che il suo atteggiamento non è quello giusto perché voi vi interessiate a lui. Quando si è calmato, chiamatelo per salutarlo e accarezzatelo. Quando il cucciolo avrà appreso il «seduto», potete chiedergli di sedersi prima di accarezzarlo.

***VEDI*** > APPRENDIMENTO P. 41; ATTENZIONE P. 50; PROSSEMICA P. 249; RINFORZO P. 259.

**SESSUALITÀ. Ambito comportamentale che si presenta in adolescenza e che ha a che fare con la riproduzione.**

- **LA SITUAZIONE TIPO:** il cane marca ovunque.
- **A COSA PENSA IL CANE:** *«Qui sono passato io!»*.

## Il consiglio dell'etologo

Dopo il distacco, cioè intorno al 5° mese, il cane entra in una fase di preadolescenza ossia di preparazione alla maturità sessuale, un evento che si verifica in tempi differenti a seconda delle razze ma che potremmo individuare tra l'8° mese e l'anno di età. Si tratta di un periodo difficile per il cane, come peraltro per l'adolescente umano, caratterizzato da una vera e propria tempesta ormonale, da una forte esuberanza e da un cambiamento nella struttura cognitiva e comportamentale.

L'intervento pedagogico, se iniziato in questo periodo, rende le cose più difficili giacché bisogna al contrario iniziare subito, cioè appena adottato, l'educazione del cucciolo. Nel periodo puberale è possibile che il cane cerchi di assumere un ruolo rilevante all'interno del gruppo e per questo si deve lavorare per favorire il riconoscimento del partner umano come coordinatore. Si dovranno quindi incentivare le attività collaborative che da una parte facilitano l'accreditamento del partner, dall'altra sottolineano il ruolo di aiutante del cane. Tutto questo andrà a diminuire le situazioni conflittuali e l'esuberanza del cane aiutandolo a raggiungere la piena maturità sociale, che prevede autocontrollo, capacità di attenersi a regole, capacità di gestire la frustrazione.

In adolescenza il cane prova anche disagio e la marcatura è un modo per ridirigere questo disagio oltre che per sottolineare la propria presenza. Se lavoreremo sulla calma, se faremo fare al nostro cane delle attività gratificanti, se eviteremo la tendenza inibitiva, lo aiuteremo a superare questo disagio e lo stress che ne consegue, diminuendo il bisogno di marcare.

**VEDI** > CALORE P. 287; CASTRAZIONE P. 64; GESTAZIONE P. 97; MARCATURA P. 117; PUBERTÀ P. 143; STERILIZZAZIONE P. 275.

**SOGLIE. Punti di passaggio caratterizzati dall'essere stretti e dalla presenza di porte.**

- **LA SITUAZIONE TIPO:** lei/lui apre la porta e il cane si proietta fuori a tutta velocità.
- **A COSA PENSA IL CANE:** *«Che bello, si va fuori!»*.

## Il consiglio dell'etologo

Indubbiamente per il cane l'apertura della porta di casa rappresenta un richiamo irresistibile, come peraltro l'apertura della portiera dell'automobile o del cancelletto di un box. Il suo desiderio irrefrenabile di correre fuori lo induce a gettarsi letteralmente sulla via di uscita senza badare alle conseguenze. I cani sono animali curiosi, eccitabili, con un gran desiderio di esplorare e spesso si annoiano in casa o nel box, mentre ritengono il mondo esterno carico di opportunità da cogliere al volo.

Quando sono presi da questa frenesia sono ostinati e frettolosi, ma non perché vogliono dominare sul proprio partner umano passando per primi, quanto piuttosto perché sentono un richiamo irresistibile e fanno fatica a controllarsi. Di certo un cane esuberante, sicuro di sé, con una buona dose di assertività manifesterà questo comportamento con più eclatanza di uno timido e insicuro; tuttavia, il lanciarsi per passare in fretta ha poco a che fare con la posizione sociale quanto piuttosto è misura dell'eccitazione vissuta dal cane.

Questo comportamento può essere estremamente pericoloso, per cui è buona norma abituare il cane ad attendere prima di passare una soglia attraverso degli esercizi di permesso che ricordano il rito alimentare:

• Lei/lui staziona vicino alla porta, la apre leggermente e se il cane tenta di passare la richiude: il tutto ovviamente con molta delicatezza.

• Ripete questa operazione finché il cane non si mette in una condizione di calma, cioè attende e lo guarda.

• A questo punto il partner umano attraversa la soglia e quindi dà il segnale di «vai», che consente l'attraversamento o la discesa se si tratta di un'automobile.

Questo esercizio va fatto con moderazione se il cane è timido e insicuro; è importante capire che ne va della sua sicurezza e non si tratta di rivendicare una priorità di accesso. Infatti, solo per fare un esempio, è molto pericoloso che il cane si getti fuori dall'automobile.

In alcune situazioni il lavoro sulla porta può essere utile per diminuire una tendenza assertiva o coordinativa del cane. La tendenza a proiettarsi sulla soglia ha a che fare con l'esuberanza - è tipica, per esempio, dei soggetti giovani - e tuttavia, se il cane si abitua che è sempre lui a passare per primo, questo può essere un indizio di posizionamento sociale. Tocca infatti al coordinatore del gruppo precedere gli altri per impartire la direzione di marcia. Per questo in certe situazioni lavorare sui permessi alle soglie fa parte di quel processo di regressione sociale essenziale per togliere al cane il fastidioso compito di coordinamento. Occupare uno spazio, per esempio interponendosi con il corpo, può essere un buon modo per contenere la sua esuberanza, educarlo alla gestione della frustrazione e alla rassegnazione.

Si tratta di un apprendistato che il cucciolo ben conosce perché la mamma si comporta proprio in questo modo per dare delle regole e frenare la sua esuberanza e la sua intemperanza.

Le soglie sono inoltre luoghi critici per il cane per diversi motivi:

- Lo spazio è ridotto, quindi il cane tende a essere più suscettibile e irritabile perché sente invaso il suo ambito intimo.
- Spesso si verificano situazioni di incrocio, dall'altra parte arriva un cane, senza che ci sia modo di mettere in atto i rituali di incontro.
- L'occupazione degli spazi strategici ha a che fare anche con la posizione sociale e quindi le soglie rappresentano dei luoghi simbolici per il cane.

Questo significa che, se siamo in compagnia di un cane, bisogna evitare di stazionare nei luoghi pubblici accanto a una soglia, perché per lui restare fermo lì significa essere messo in una condizione di disagio e di allerta.

Purtroppo tendiamo a preferire le soglie e non ci rendiamo conto di mettere il cane in difficoltà. Per esempio, non si deve far conoscere due cani su una soglia se non vogliamo che al posto di un incontro ci sia uno scontro. La cosa migliore è liberare la soglia e far incontrare il proprio cane con un altro in un ambiente aperto, che renda possibili tutti i rituali di «galateo canino». I cani fanno amicizia invitandosi al gioco, affiancandosi in buffe coreografie rotatorie, gettandosi a terra e voltandosi a pancia all'aria… insomma, tutte cose che certo non sono possibili sulle soglie.

***VEDI*** > ACQUIETAMENTO PP. 186, 282; CALMA P. 62; CENTRIPETAZIONE P. 202; COMUNICAZIONE NON VERBALE P. 210.

**SPORCARE. Modalità attraverso cui scelgo il luogo dove fare le deiezioni.**

- **LA SITUAZIONE TIPO:** il cane sceglie il tappeto per fare la pipì.
- **A COSA PENSA IL CANE:** *«È l'unica cosa che assomiglia all'erba»*.

## Il consiglio dell'etologo

Molte persone si trovano in difficoltà con le deiezioni e non sanno come fare per contenere il problema, ma spesso sono proprio loro a incentivarlo. Innanzitutto è normale che un cucciolo non sia in grado di contenersi nel primo mese dopo l'adozione. Quindi all'inizio occorre pazientare e togliere i tappeti.

Non bisogna sgridarlo e soprattutto avere comportamenti intimidatori (come scacciarlo o mettergli il muso nella pipì) riferiti alle deiezioni, se non vogliamo peggiorare la situazione. Infatti, per indirizzare le sue deiezioni fuori casa il cane deve sentirsi sicuro di evacuare davanti a noi e magari di vivere l'urinazione e la defecazione come un comportamento da noi gradito. Altrimenti lo farà di nascosto dove capita.

Anche l'utilizzo di giornali, tappetini assorbenti o pannoloni è sconsigliato, perché diamo un'abitudine che poi è difficile da togliere. Meglio portare il cucciolo fuori sull'erba più volte nei primi quindici giorni e soprattutto nei momenti in cui l'evacuazione è più probabile: la mattina presto, dopo aver mangiato, la sera.

Anch'io
so fare pipì
in piedi!

Quando il cane fa i suoi bisognini sull'erba, bisogna premiarlo subito con un «bravo» e con un bocconcino, evitando di riportarlo a casa subito dopo. Il «bravo» indica il nostro consenso, il bocconcino gli dice che quello che ha fatto ci è gradito, mentre riportarlo a casa subito dopo verrebbe ritenuta una punizione e inibirebbe questo comportamento.

Se il cucciolo la fa in casa non bisogna pulire davanti a lui perché attireremmo la sua attenzione: «Il mio umano si interessa a me, quindi ho fatto la cosa giusta!». Tra l'altro, l'atto di pulire si basa sul movimento e sull'accucciarsi, aspetti particolarmente graditi per il cucciolo. La cosa migliore è chiamare il cucciolo in un'altra stanza e poi provvedere alla pulizia.

Non bisogna utilizzare prodotti a base di ammoniaca o di cloro perché stimolano in quel luogo un'ulteriore evacuazione. Se il cane è stato preso dal canile, all'inizio bisogna armarsi di santa pazienza perché il poveretto ha trascorso mesi e talvolta anni in un box dove non poteva far altro che farla sul posto. Infine, non bisogna confondere l'urinazione con la marcatura.

***VEDI*** > ATTENZIONE P. 50; BOCCONCINO P. 196; RINFORZO P. 259.

**STERILIZZAZIONE DELLA FEMMINA. Intervento chirurgico destinato a impedirmi di diventare mamma.**

- **LA SITUAZIONE TIPO:** lei/lui fa sterilizzare la propria cagna.
- **A COSA PENSA IL CANE:** «*Che c'è di nuovo oggi?*».

## Il consiglio del medico veterinario

L'ovariectomia è l'asportazione delle ovaie, operazione molto comune che si effettua a partire dal 6° mese. Questo intervento sopprime, oltre alla fecondità, i calori e la marcatura urinaria sessuale ma non quella reazionale.

Praticata alla cagna giovane, riduce di 7 volte la probabilità di tumore alle mammelle.

Perché la cagna sterilizzata mantenga la forma e la «linea da ragazzina», optate per un'alimentazione speciale, pesatela regolarmente per dosare al meglio le razioni di cibo e aumentate la sua attività fisica. Giocare per il cane è sempre un piacere!

L'intervento di sterilizzazione può comunque consistere anche nell'*ovarioisterectomia*, che consiste nell'asportazione sia delle ovaie che dell'utero. I vantaggi di questo intervento sono analoghi a quelli dell'ovariectomia.

I medici veterinari vi spiegheranno la tecnica utilizzata e le motivazioni del tipo di intervento che hanno scelto. In ogni caso non esitate a fare tutte le domande del caso prima dell'intervento.

***VEDI*** > PUBERTÀ P. 143; SESSUALITÀ P. 266.

**SVEZZAMENTO. Periodo durante il quale devo abituarmi a non prendere più il latte materno e a mangiare alimenti solidi.**

- **LA SITUAZIONE TIPO:** il cucciolo, respinto dalla madre, bagna il muso nella pappa per lo svezzamento.
- **A COSA PENSA IL CANE:** «*La mamma non vuole più darmi il latte, assaggiamo questo nuovo cibo*».

## Il consiglio del medico veterinario

Lo svezzamento è una transizione alimentare progressiva che consente al tubo digerente del cucciolo di abituarsi a un'alimentazione solida. Durante lo svezzamento, il cucciolo acquisisce l'attitudine a digerire l'amido dei cereali mentre diminuisce quella a digerire il lattosio (zucchero del latte). Per questo motivo alcuni cuccioli hanno la diarrea quando bevono del latte vaccino (più ricco di lattosio rispetto a quello materno).

Verso la 3ª settimana, in presenza della madre, i cuccioli iniziano a interessarsi ad altri alimenti che non siano il latte. È il momento giusto per iniziare a somministrare ai cuccioli una pappa per lo svezzamento oltre all'allattamento materno. Questo complemento alimentare dà sollievo alla cagna, soprattutto se è di piccola taglia, evita una notevole perdita di peso e riduce il rischio di crisi da tetano da lattazione.

Alla 5ª settimana, la comparsa dei denti da latte rende le poppate dolorose. La madre inizia a respingere i propri cuccioli, che devono via via accontentarsi della pappa. Lo svezzamento termina quando i cuccioli fanno totalmente a meno del latte. Questo avviene all'incirca intorno alla 7ª-8ª settimana. A partire da questo momento, i cuccioli possono mangiare dalla stessa ciotola della madre e apprendere la gerarchia alimentare.

Ecco come praticare lo svezzamento:

- Deve avvenire progressivamente in modo che il tubo digerente si abitui a una nuova alimentazione. All'inizio il cibo dello svezzamento è di complemento all'allattamento.
- Utilizzate come pappa per lo svezzamento delle crocchette per cuccioli in crescita o femmine in lattazione, reidratate con del latte artificiale o dell'acqua tiepida. Progressivamente, diminuite la reidratazione in modo che i cuccioli siano in grado alla fine dello svezzamento di mangiarle secche.
- Per attirare i cuccioli verso la pappa, bagnate un dito nel cibo e presentatelo ai cuccioli.
- In una cucciolata la competizione per accedere al cibo è frequente. Perché il più forte non divori tutta la pappa, versatela in una grande ciotola. Servitela 4 volte al giorno.
- Per evitare un consumo eccessivo, lasciate la ciotola ai cuccioli 15 minuti per pasto, poi ritiratela.
- Pesate i cuccioli ogni settimana comparando il loro peso con la curva di crescita ideale, se hanno preso o perso peso in modo anomalo. Il cibo in eccesso durante lo svezzamento può provocare diarrea e predisporre all'obesità in età adulta.

***VEDI*** > ALLATTAMENTO ARTIFICIALE P. 188; ATTACCAMENTO PP. 48, 285.

**UDITO. Abilità superiore rispetto a quella del mio partner umano, che mi consente di percepire dei suoni che lui non può udire.**

- **LA SITUAZIONE TIPO:** il cane scodinzola sentendo la macchina del partner umano che entra nel viale del giardino.
- **A COSA PENSA IL CANE:** «*Il mio compagno è ritornato!*».

## Il consiglio del medico veterinario

Il cane ha capacità uditive ampiamente superiori a quelle dell'uomo. Da un lato, è sensibile alle vibrazioni sonore comprese tra 20 mila e 40 mila Hz (ultrasuoni), mentre l'uomo non percepisce quelle che superano i 20 mila Hz. Dall'altro, le sue orecchie mobili e a forma di imbuto gli permettono di localizzare con precisione la provenienza di un suono senza dover muovere la testa.

L'udito eccezionale gli consente di individuare la selvaggina in natura, di riconoscerne il rumore dei passi nel viale o quello del motore dell'auto, ma anche di conoscere l'umore dell'amico umano semplicemente dall'intonazione della voce.

**VEDI** > ALTERITÀ P. 29; ANNUSARE P. 33, 284; ESPLORAZIONE P. 84; OLFATTO P. 239; VISTA P. 179.

Se vuoi,
ti posso raccontare
cosa dicono,
io sento molto bene
da qui!

IN MEMORIA
DEL
SUPERCANE

# CANE CANE

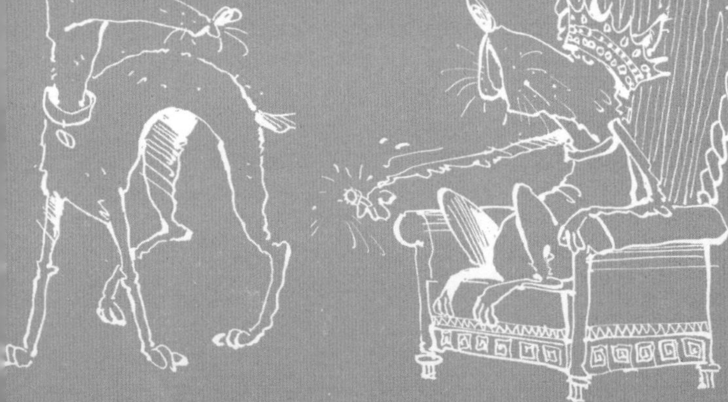

**ACQUIETAMENTO. Modalità attraverso cui induco uno stato di calma in un altro cane.**

- **LA SITUAZIONE TIPO:** il cane incontra un altro cane e mette in atto una serie di segnali calmanti.
- **A COSA PENSA IL CANE:** *«Stai tranquillo: mi sto avvicinando a te, ma vengo in pace»*.

## Il consiglio dell'etologo

I cani sono animali fortemente relazionali, dotati di una socialità molto complessa perché portati a costruire dei gruppi operativi, vale a dire delle squadre, dal cui funzionamento concertato dipende la sopravvivenza del branco. Per questo incontrarsi e conoscersi non sono semplici contingenze, ma vere e proprie necessità: il cane cerca attivamente di costruire una conoscenza con gli altri soggetti presenti sul territorio. L'incontro nel mondo dei cani è regolato da veri e propri galatei di approccio, regole di incontro organizzate per stili e per segnali di comunicazione, i cosiddetti segnali calmanti. L'incontro deve essere cioè basato sulla calma per evitare fraintendimenti, scontri, eccessi interattivi come l'esuberanza, tollerata solo se il cane è cucciolo.

Molto spesso gli adulti bloccano l'esuberanza dei cuccioli attraverso un abbaio di avviso, e così facendo insegnano loro le buone maniere. La capacità di acquietamento non è una dote innata e i cuccioli devono impararla nel rapporto con gli adulti. Questo apprendistato viene preparato in modo attento dalla madre e nelle relazioni di cucciolata, per questo è indispensabile che il cucciolo resti con lei nei primi

2 mesi dopo la nascita. Un cane ben educato dalla madre conosce il galateo di incontro ed è in grado di emettere segnali di pace anche se un cane si avvicina a lui in modo scorretto o eccessivo.

La capacità di acquietare è una virtù molto importante nel mondo dei cani, fondamento della prosocialità, utile non solo per il cane ma anche per il suo partner umano, che sarà meno impegnato a contenerlo. Per questo è indispensabile dopo l'adozione sostenere lo sviluppo delle capacità di acquietamento attraverso attività di socializzazione, come le *puppy class*. Occorre inoltre consentire al proprio cane di emettere i segnali calmanti allorché incrocia altri cani, allentando il guinzaglio nell'incontro per consentire le coreografie corrette del galateo di approccio.

**VEDI** > COMUNICAZIONE NON VERBALE P. 210;
EPIMELETICO P. 226;
PACIFICAZIONE P. 133.

**ANNUSARE. L'azione di fiutare molti odori presenti nel nostro ambiente.**

- **LA SITUAZIONE TIPO:** il cane annusa attentamente una traccia di urina contro un lampione.
- **A COSA PENSA IL CANE:** *«Vediamo allora quali sono le novità...»*.

## Il consiglio dell'etologo

Una delle attività principali del cane che va a spasso in città è quella di annusare gli odori lasciati dai propri simili su muri e lampioni. Per analizzare gli odori, possiede un organo principale, la mucosa nasale, e uno complementare, l'organo vomero-nasale per la percezione dei feromoni. Grazie a tali odori, raccoglie una infinità di informazioni, un po' come se leggesse il giornale del quartiere. Viene a conoscenza, per esempio, della presenza di nuovi arrivati, e del loro profilo, o se la sua «compagna» di strada è disponibile. Dopo aver annusato le novità, si affretta a ricoprire di urina la traccia olfattiva per trasmettere, a sua volta, dei messaggi ai propri simili.

Questa marcatura è a volte associata al gesto di grattare per terra, con le zampe anteriori, per lasciare anche una traccia visiva e olfattiva grazie a delle piccole ghiandole situate tra i cuscinetti.

***VEDI*** > ESPLORAZIONE P. 84; FEROMONI P. 298; MARCATURA P. 117; OLFATTO P. 239.

**ATTACCAMENTO. Processo evolutivo che consente di costruire il mio profilo affettivo, lo stato di sicurezza-autonomia e il piano d'esperienza.**

- **LA SITUAZIONE TIPO:** il cucciolo torna subito dalla mamma se si presenta una novità.
- **A COSA PENSA IL CANE:** *«Proteggimi!»*.

## Il consiglio dell'etologo

Per poter sviluppare la propria identità comportamentale, il cucciolo ha bisogno di un tutor che dia sostegno e sicurezza al suo processo esplorativo e nello stesso tempo sia da modello e orientamento all'esplorazione stessa. A partire dalla 3ª settimana di vita il cucciolo elegge la mamma come base sicura, come punto di riferimento su cui contare per esplorare il mondo e verso cui ritornare in caso di difficoltà. La mamma pertanto svolge un ruolo educativo importantissimo perché promuove l'esplorazione e costruisce una matrice di sviluppo, un vero e proprio apprendistato, su cui il cucciolo appoggia la sua evoluzione. Per poter svolgere questa funzione, la base sicura deve possedere alcune qualità:

• Essere accogliente, vale a dire comprendere i bisogni di sicurezza del cucciolo e tranquillizzarlo nelle situazioni di difficoltà.

• Essere presente all'occorrenza e costante nel suo mandato, in modo tale da assicurare la continuità evolutiva e facilitare l'aumento del campo esplorativo.

• Deve sostenere la curiosità e l'interattività del cucciolo verso i target da esplorare in modo da favorire l'autonomia del cucciolo.

In genere la cagna è in grado di svolgere questo compito, per questo è indispensabile lasciare il cucciolo con la madre nei primi 2 mesi di vita.

**VEDI** > APPRENDIMENTO P. 41; DISTACCO P. 224; MODELLAMENTO P. 121.

**CALORE. Periodo durante il quale le femmine sono seduttrici molto corteggiate.**

- **LA SITUAZIONE TIPO:** la cagna è in calore, lascia il suo odore in tutto il quartiere e attira tutti i maschi.
- **A COSA PENSA IL CANE:** *«Venite da me, bei maschietti»*.

## Il consiglio del medico veterinario

Il calore nella cagna dura all'incirca 2 settimane e generalmente compare 2 volte l'anno, a intervalli regolari. Il calore può essere suddiviso in due periodi (proestro ed estro). Durante la prima fase, la cagna ha perdite di sangue, la vulva è gonfia, attira i maschi, ma rifiuta di accoppiarsi. Quando il sangue diventa meno abbondante e la vulva è molto grossa, la cagna attira i maschi e accetta di accoppiarsi, con conseguente gravidanza.

Durante il calore, la femmina emette dei feromoni. Questi sono percepibili a grande distanza e informano immediatamente tutti i maschi del quartiere. In generale, il periodo più fecondo cade tra il 9° e il 14° giorno del calore. Fate molta attenzione in questo periodo e optate per la sterilizzazione: contribuirete così a debellare il fenomeno del randagismo.

***VEDI*** > MONTA P. 123, 308; PUBERTÀ P. 143; SESSUALITÀ P. 266; STERILIZZAZIONE P. 275.

**CARTA D'IDENTITÀ. Parte posteriore della nostra anatomia, considerata tabù dagli umani, che amiamo annusare per saperne di più sul sesso, la posizione e le emozioni dei nostri simili.**

- **LA SITUAZIONE TIPO:** due cani si annusano il posteriore.
- **A COSA PENSA IL CANE:** *«Mi piacerebbe sentirne di più sul tuo conto».*

## Il consiglio del medico veterinario

Il cane possiede numerose ghiandole che producono feromoni distribuite alla base della testa, delle zampe, della zona genitale, ma è nella regione perianale che se ne trovano in maggior numero.

**Ghiandola sopracaudale**: situata al di sopra della base della coda.

**Ghiandole circumanali**: localizzate ad anello intorno all'ano.

**Sacche perianali**: più precisamente ghiandole perianali, non sono visibili dall'esterno e terminano ai lati dell'ano con due canaletti.

Tutte queste ghiandole producono dei feromoni che trasmettono delle informazioni sullo stato emotivo, la posizione gerarchica o sessuale del cane che le emette e agiscono sulle secrezioni ormonali (in particolare sessuali) e il comportamento di quello ricettore. Annusandosi il posteriore è un po' come se i cani si scambiassero il biglietto da visita o la carta d'identità. Grande prova di educazione canina!

**VEDI** > ANNUSARE P. 288; COMUNICAZIONE NON VERBALE P. 210; FEROMONI P. 298.

**CAVALCAMENTO. Comportamento che, quando non è sessuale - come spesso accade -, serve a valutare un mio simile.**

- **LA SITUAZIONE TIPO:** il cane cavalca un altro cane dello stesso sesso che non si oppone.
- **A COSA PENSA IL CANE:** *«Sono io il più forte»*.

## Il consiglio dell'etologo

Quando due maschi s'incontrano, capita sovente che uno cerchi di montare sulla schiena dell'altro, mimando l'atto sessuale. Si tratta di un comportamento di cavalcamento ritualizzato che il cane utilizza per affermare la propria superiorità.

Contrariamente all'idea diffusa tra molti compagni umani di cani, questo comportamento non ha nulla a che fare con la sessualità. Infatti non viene mai preceduto da preludi amorosi (annusarsi e leccarsi reciprocamente), e il cane non raggiunge mai o solo parzialmente l'erezione.

Accettando senza opporsi di farsi cavalcare, il cane riconosce la propria inferiorità. Se non accetta di sottomettersi, può anche voltarsi e mostrare i denti. Questa monta ritualizzata ha luogo anche tra femmine o tra cani di sesso opposto.

***VEDI*** > COMUNICAZIONE NON VERBALE P. 210; GERARCHIA P. 94; MONTA P. 123.

**CODA. Parte del nostro corpo che è un po' il barometro delle nostre emozioni, come le orecchie.**

- **LA SITUAZIONE TIPO:** il cane incrocia un whippet (tipo di levriero) con la coda tra le zampe.
- **A COSA PENSA IL CANE:** «*Non ha l'aria di avere fiducia in se stesso*».

## Il consiglio dell'etologo

Come le orecchie, la coda segnala, a distanza, l'umore, la posizione gerarchica e le intenzioni del cane. Sono due i parametri da tenere presente per interpretare i segnali della coda.

### La posizione

In posizione alta esprime fiducia e una posizione sociale di superiorità. Permette al cane di scoprire le ghiandole perianali e di inviare un messaggio olfattivo ai suoi simili, come se volesse dire: «Sentite bene chi sono». Al contrario, in posizione abbassata indica sottomissione e paura e limita la diffusione degli odori, come se non volesse «farsi vedere» troppo.

### I movimenti

L'ampiezza significa eccitazione e volontà di interagire. Quando i cani giocano tra di loro, la coda compie ampi giri in segno di gioia e soddisfazione.

Questi principi fondamentali sono da adattare alla posizione naturale della coda del cane. Infatti, alcune razze (terrier, chow-chow) la portano alta, caratteristica che potrebbe essere interpretata come segno di arroganza o aggressività; altri (whippet) tra le zampe, il che potrebbe indicare, a torto, paura o timidezza eccessiva; altri ancora (carlino, bulldog) hanno un coda molto corta, molto poco espressiva. Questi ultimi devono allora agitarla dal didietro per farsi comprendere meglio. In tutti i casi, per essere interpretata la posizione della coda deve essere associata ad altri messaggi corporei.

***VEDI*** > COMUNICAZIONE CON IL CORPO P. 294; COMUNICAZIONE NON VERBALE P. 210.

**COMUNICAZIONE CON IL CORPO. Trasmissione di informazione tra cane e cane attraverso il media visivo.**

- **LA SITUAZIONE TIPO:** il cane incontra un altro cane leccandosi il labbro e guardando da un'altra parte.
- **A COSA PENSA IL CANE:** *«Mi sto avvicinando a te ma le mie intenzioni sono pacifiche»*.

## Il consiglio dell'etologo

I cani sono animali sociali che organizzano il loro comportamento sulla base di concertazioni e di condivisioni, dove incontrarsi ed esplicitare le proprie intenzioni e disposizioni è una condizione indispensabile. Tutto il corpo del cane comunica in modo tale che immediatamente e visivamente due cani che si incontrano possono conoscere reciprocamente lo stato dell'altro.

Se pertanto assumiamo una postura molto ritta, una prossemica frontale e uno sguardo corrugato, il cane non avrà dubbi nel leggere in questi atteggiamenti delle cattive intenzioni nei suoi riguardi.

Per quanto riguarda il viso e più in generale la testa il cane ha una comunicazione molto articolata:

• **Gli occhi**: possono indicare il livello di sicurezza del soggetto (alto se lo sguardo è fisso e diretto; basso se laterale, sfuggente, alternato, cioè guardo per un attimo, poi devio lo sguardo) e il livello di interesse verso l'oggetto o la situazione (alto se spalancati e fissi; basso se semichiusi).

• **La bocca**: se rilassata e semiaperta, indica rilassatezza; se con gli angoli verso l'alto, indica contentezza; se con gli angoli in alto ed esposizione dei denti, è una sorta di benvenuto; se con gli angoli in basso e presentazione dei canini vuol dire, che il cane è pronto all'aggressione.

• **La lingua** può produrre una serie di gesti, tra cui: il leccare il labbro è un segnale calmante; il leccarsi il naso è un gesto di pacificazione; il leccare il muso dell'altro indica richiesta di amicizia o di un comportamento di cura; lo schioccare la lingua nell'atto dello sbadiglio indica ansia, nervosismo, frustrazione.

• **Le orecchie**: dritte e in avanti indicano sicurezza e talvolta spavalderia; dritte e orientate, attenzione e attivazione; rilassate e di lato, pacificazione e amicizia; tirate indietro e appiattite sulla testa, paura; in movimento, per esempio una su e una giù oppure ruotanti verso l'esterno, indicano tensione o conflittualità interna.

• **Il naso**: se aperto e disteso, indica interessamento; se rilassato, vuol dire che il cane è tranquillo; se arricciato, indica nervosismo e minaccia, vale a dire che è uno dei più importanti segnali di intimidazione.

Il corpo nel suo insieme rappresenta l'indicatore più importante dello stato del cane:

• **La postura**: se se ne sta ben ritto sulle quattro zampe, con petto in avanti, dando l'impressione complessiva di massima esposizione del corpo, ci troviamo di fronte a un soggetto sicuro, assertivo e spesso spavaldo; se, al contrario, il cane si fa piccolo piegando le zampe e incurvando il corpo, abbassandosi e incassando la testa, dobbiamo arguire uno stato di insicurezza, timidezza o paura.

• **Le posizioni**: se si piega sulle zampe anteriori in una posizione di inchino, è un invito al gioco; se invece il cane si mette su un fianco o a pancia all'aria, sta pacificando.

• **Le zampe**: sul dorso significano sfida; le due zampe protese verso l'altro comunicano una richiesta d'attenzione; la zampa protesa verso la persona è una richiesta di cura; alzata, indica concentrazione e tensione verso un target.

• **La coda**: se alta, indica sicurezza e talvolta sfida; se bassa o addirittura sotto il corpo, vuol dire che il cane è timoroso o ha paura; se in movimento frenetico, indica eccitazione; se in movimento lento, indica serenità.

• **Il pelo**: se alzato sulla nuca, sulla schiena e sulla coda, vuol dire che il cane è pronto a esprimere un comportamento di aggressione.

Se valutiamo questi aspetti nella loro interezza e complessità, ci rendiamo conto di quanto sia importante per il cane comunicare nel modo più corretto possibile, tenendo conto del fatto che spesso il soggetto è in preda a più disposizioni emozionali e motivazionali e quindi deve poter contare su associazioni di segnali che nel loro insieme danno un'indicazione più specifica dello stato del cane.

Il taglio della coda e delle orecchie rappresenta quindi un grave maltrattamento non solo per il carico di sofferenza, ma altresì perché si tratta di una mutilazione che compromette la capacità del cane di presentarsi nel modo più completo possibile.

**VEDI** > CODA P. 291; COMUNICAZIONE NON VERBALE P. 210; EPIMELETICO P. 226; PROSSEMICA P. 249.

**FEROMONI. Sostanze emesse da diverse ghiandole che trasportano messaggi destinati ai miei simili.**

- **LA SITUAZIONE TIPO:** il cane annusa attentamente l'orecchio di un altro cane, ricco di ghiandole che producono feromoni.
- **A COSA PENSA IL CANE:** *«Vediamo un po' con chi ho a che fare».*

## Il consiglio del medico veterinario

I feromoni sono sostanze chimiche volatili, prodotte dalle ghiandole situate sulle guance, il mento, le mammelle, nei cuscinetti intorno all'ano, nelle orecchie e presenti in numerose secrezioni (saliva, urina, escrementi, secrezioni vaginali). Più che semplici odori, i feromoni sono segni di comunicazione che veicolano delle informazioni sullo stato emotivo, la posizione gerarchica o sessuale dell'emittente. Sono percepiti attraverso un organo olfattivo particolare (l'organo vomero-nasale) e agiscono sulle secrezioni ormonali e il comportamento del cane ricettore. La loro natura dipende dallo stato del cane nel momento in cui sono emessi.

Gli esseri umani, anche se non sono sensibili a quelli emessi dal loro compagno a quattro zampe, emettono dei feromoni che trasmettono delle informazioni al cane.

***VEDI*** > ACQUIETAMENTO PP. 186, 282; ANNUSARE P. 33, 284; COMUNICAZIONE NON VERBALE P. 210.

**GROOMING. Modalità di esplorazione del corpo che in noi mammiferi può avere diverse funzioni: pulizia, relazione, autotranquillizzazione.**

- **LA SITUAZIONE TIPO:** il cane che continuamente si lecca una zampa.
- **A COSA PENSA IL CANE:** «*Che bello fare così!*».

## Il consiglio dell'etologo

Il corpo rappresenta per il cane il suo mondo più intimo e la sua sollecitazione ha un valore di regressione infantile che ricorda quando la mamma attraverso l'atto del leccare stimolava il cucciolo e favoriva lo sviluppo dello schema corporeo nella sua mente. La pulizia è inoltre un bisogno primario per ogni animale provvisto di un mantello, quindi ampiamente presente nei mammiferi e negli uccelli. Esiste pertanto un comportamento di ricerca sul corpo sostenuto da più disposizioni motivazionali la cui espressione produce gratificazione e quindi anche piacere.

Negli animali sociali si sono poi evolute attività di reciprocazione di questa attività di ricerca sul corpo che hanno funzioni sociali e di consolidamento dei legami. Pertanto possiamo distinguere diverse funzioni:

- **Somestesia**: esplorazione del corpo per aumentarne la conoscenza e per stimolarlo.
- **Autogrooming**: ricerca sul corpo per eliminare gli ectoparassiti e favorire la pulizia del mantello.
- **Allogrooming**: pulizia reciproca del corpo per rinsaldare i legami o per richiedere alleanza.

Nel caso di un soggetto in preda all'ansia, allo stress o in uno stato di frustrazione possiamo avere un comportamento di somestesia eccessiva o di *autogrooming* compulsivo per abbassare lo stato di ansia o come comportamento sostitutivo. In genere l'eccesso somestesico viene indirizzato all'area genitale, regressione dell'attività di stimolazione perineale che effettua la madre nelle prime settimane di vita per stimolare l'evacuazione.

L'*autogrooming* compulsivo è in genere rivolto alle zampe anteriori, ritualizzazione di un comportamento che in situazioni normali può seguire il pasto: il cane dopo aver mangiato si distende e comincia a leccarsi l'estremità delle zampe anteriori.

Tanto l'eccesso somestesico come l'*autogrooming* compulsivo possono assumere forme maniacali, fino a provocare delle vere e proprie lesioni dell'integrità fisica: il cane si strappa parti del pelo e si lecca in modo ossessivo fino a provocarsi ferite o granulomi da leccamento. Tra l'altro, oltre a dare una gratificazione compensativa, queste attività provocano danni alla cute con rilascio di endorfine provocando un circolo vizioso da cui è difficile uscire.

Per evitare questi comportamenti compulsivi è indispensabile innanzitutto intervenire sul meccanismo di compensazione. Il cane si lecca a causa di:

- **Noia**, data da una scarsa attività del cane (demotivazione) o da impossibilità a compiere alcune attività di base sotto il profilo motivazionale (frustrazione): in questi casi occorre dare al cane delle attività che lo gratificano.

• **Stress**, dato da un'eccessiva stimolazione del cane o da troppe richieste: occorre dargli una vita più tranquilla e serena, abbassando l'attivazione del cane o il modo vessatorio del partner umano (continui comandi e inibizioni).

• **Ansia**, frutto di una comunicazione errata con il partner umano (ansia da prestazione) o di un non corretto distacco (ansia da separazione): in questo caso è necessario interrompere l'anticipazione emotiva, ossia tutti quei rituali che mettono ansia al cane.

***VEDI*** > AMICIZIA P. 31; ANSIA P. 38; COLLABORAZIONE P. 206; EPIMELETICO P. 226.

**LECCATA. Mezzo utilizzato da cucciolo per reclamare da mangiare e da adulto per tranquillizzare un simile.**

- **LA SITUAZIONE TIPO:** il cucciolo di 5 settimane, in pieno svezzamento, dritto sulle zampe anteriori, lecca e mordicchia le labbra della madre.
- **A COSA PENSA IL CANE:** *«Ho fame, dammi da mangiare».*

## Il consiglio dell'etologo

Il leccare le labbra è un comportamento comune nei canidi selvatici (lupo, sciacallo) con lo scopo di stimolare il riflesso faringeo quando la madre dei cuccioli rientra nella tana dopo una caccia fruttuosa.

Il cibo rigurgitato, predigerito, premasticato, riscaldato è l'alimento ideale per i cuccioli fino alla svezzamento. Nel cane domestico, leccare le labbra è un comportamento rimasto esclusivamente nelle razze più primitive, come il samoiedo o il siberian husky.

Con il tempo ha perso la funzione primaria e ha acquisito altri significati per diventare un rituale sociale, quindi un mezzo per comunicare con i propri simili. Trasmette il seguente messaggio: «Non mi aggredire, le mie intenzioni sono pacifiche», ed è utilizzato dal cane per prevenire o sospendere l'aggressione di un simile.

**VEDI** > ALTERITÀ P. 29; COMUNICAZIONE NON VERBALE P. 210; EPIMELETICO P. 226.

**MAMMELLE. Parti del corpo della madre che ci danno da mangiare quando siamo cuccioli e che ci tranquillizzano.**

- **LA SITUAZIONE TIPO:** parecchi cuccioli di 3 settimane vanno a rannicchiarsi contro le mammelle della madre.
- **A COSA PENSA IL CANE:** *«Qui ci si sente al sicuro».*

## Il consiglio del medico veterinario

Durante l'allattamento, le ghiandole sebacee, situate nel solco intermammario, producono un feromone tranquillizzante (apaisina). Questo favorisce l'attaccamento e consente al cucciolo, quando inizia a fare i primi passi al di fuori della cuccia materna, di ritrovare la calma e la serenità dopo essere stato esposto a nuovi stimoli.

Grazie alla madre e al suo odore rassicurante, il cucciolo trova il coraggio di partire alla scoperta del mondo e fare le sue prime esperienze. Più ne avrà fatte, maggiore sarà la capacità di adattarsi al futuro ambiente di accoglienza.

Questo ormone, sintetizzato in laboratorio, viene venduto sotto forma di collare o diffusore. Aiuta il cucciolo a dormire da solo nella sua cuccia e favorisce l'adattamento a nuove situazioni. Nell'adulto viene utilizzato nel trattamento delle paure.

***VEDI*** > ATTACCAMENTO PP. 48, 285; FEROMONI P. 298; SVEZZAMENTO P. 276.

**MARCATURA URINARIA. Messaggio olfattivo facilmente riconoscibile e ricco di informazioni destinato a tutti i miei simili.**

- **LA SITUAZIONE TIPO:** il cane annusa attentamente una traccia di urina lasciata sul pneumatico dell'auto.
- **A COSA PENSA IL CANE:** *«Senti, nel quartiere c'è un nuovo arrivato».*

## Il consiglio dell'etologo

La marcatura urinaria inizia con la pubertà. È un modo per il cane di lasciare ai propri simili, per mezzo dei feromoni, delle informazioni sul sesso, la recettività (cagna in calore, gestante, giovane madre...), l'età, la posizione. Le zone scelte sono sempre ben visibili e sopraelevate (all'altezza del naso) per facilitare la diffusione. L'alzare la zampa che accompagna il deposito di urina, azione riservata esclusivamente ai maschi, trasmette a sua volta un messaggio. Più il cane solleva la zampa, più vorrà affermare la propria posizione di boss del quartiere. Inoltre, in questo modo evita che gli altri cani coprano le sue tracce.

Tra tutti i supporti scelti per urinare, gli pneumatici delle automobili sono i più graditi e svolgono la funzione, in un certo senso, del giornale locale per i cani del quartiere. Ma le auto, diversamente dai lampioni, si spostano e con loro gli odori. Così, un cane sconosciuto può marcare un territorio senza mai esserci stato.

Dopo aver annusato lo pneumatico, il cane del quartiere può quindi dedurre che sia arrivato un nuovo cane. Di fronte a tale intrusione, si affretta a coprirne la traccia con la sua per lasciare a sua volta il proprio biglietto da visita.

***VEDI*** > ANNUSARE P. 33, 284; ANSIA P. 38; COMUNICAZIONE NON VERBALE P. 210; GERARCHIA P. 94; MARCATURA P. 117; PUBERTÀ P. 143; SPORCARE P. 272.

**MEMORIA. Componente della nostra mente che ci consente di realizzare tutte le attività cognitive.**

- **LA SITUAZIONE TIPO:** lei/lui dice al cane: «Vai a prendere la pallina»; il cane si ferma un attimo e poi si dirige verso il posto dove l'ha lasciata l'ultima volta.
- **A COSA PENSA IL CANE:** *«Aspetta un attimo che penso dov'è... ah, sì, ora ricordo».*

## Il consiglio dell'etologo

La memoria è una componente importantissima per la vita del cane perché lo aiuta in tutte le sue attività.

Abbiamo diverse tipologie di memoria:

• La **memoria** *a breve termine o di lavoro* consente al cane di tenere a mente quello che sta facendo.

• Il **ricordo** *vero e proprio*, che riguarda le esperienze vissute dal cane, per esempio una gita in un luogo particolarmente appagante o anche un accadimento.

• Il **concetto** *che riguarda una regola o una modalità operativa.* Se facciamo vedere dov'è la pallina, poi portiamo fuori un attimo il cane e quindi gli diciamo di andarla a prendere, agiremo sulla memoria a breve termine. Se la pallina è messa sempre nello stesso posto e il partner umano chiede al cane di andarla a prendere, agiremo sulla memoria concettuale.

Se invece il cane gioca con la pallina e la lascia in un certo posto, diverso ogni volta e poi gli chiediamo di andarla a prendere, agiremo sul ricordo.

Gli esercizi mnemonici sono importanti nell'educazione del cucciolo e possono riguardare sia la memoria di lavoro che quella a lunga durata nelle varianti del ricordo e del concetto.

• Per esercitare la memoria concettuale è importante collocare gli oggetti in posti fissi - il guinzaglio, la ciotola, il riportello, la pallina - e poi chiedere al cane di andarli a prendere per fare una certa attività.

• Il ricordo si esercita dando delle precise informazioni riguardanti le esperienze vissute: per esempio, andiamo a fare un giro nel parco con il cane e posizioniamo l'oggetto in un certo punto, quindi dopo 5 minuti ritorniamo e gli chiediamo di prenderlo. Piano piano si allungano i tempi di latenza e ogni volta si sposta l'oggetto in un luogo differente.

***VEDI*** > APPRENDIMENTO P. 41; CONOSCENZE P. 218; GIOCO P. 101.

**MONTA. Termine poco romantico utilizzato per qualificare la riproduzione tra due esemplari della nostra specie.**

- **LA SITUAZIONE TIPO:** il cane è incollato posteriore contro posteriore alla cagna quando è il momento della monta.
- **A COSA PENSA IL CANE:** *«Difficile spostarsi in una tale posizione!».*

## Il consiglio del medico veterinario

Il pene del cane è composto da un glande molto lungo, sostenuto da un osso penico provvisto alla base di un bulbo erettile. L'osso penico facilita la penetrazione e il bulbo blocca il pene nella vagina. Una volta che questo viene introdotto, i muscoli costrittori della vulva vi si contraggono intorno e il pene raggiunge l'erezione. I partner sono allora «bloccati», senza avere la possibilità di staccarsi. Ogni tentativo di separazione può provocare lesioni gravi (lacerazione della vagina, frattura del pene).

Durante la monta, grazie a una rotazione di 180° della base del pene, il cane può voltarsi senza che il glande si giri all'interno della vagina. Quando sono posteriore contro posteriore, i partner restano incollati da 10 a 30 minuti.

Si separano quando il bulbo del glande ritorna alla dimensione iniziale. Più la femmina si muove, più a lungo durerà l'accoppiamento.

**VEDI** > CAVALCAMENTO P. 290; GERARCHIA P. 94; MARCATURA P. 117; PUBERTÀ P. 143; SESSUALITÀ P. 266.

**PROSOCIALITÀ. Insieme di capacità che ci consentono un'integrazione positiva all'interno dei gruppi sociali, anche quelli esterni alla famiglia.**

- **LA SITUAZIONE TIPO:** due cani si vedono al parco e si corrono incontro.
- **A COSA PENSA IL CANE:** *«Ah, finalmente degli amici!».*

## Il consiglio dell'etologo

Se vogliamo favorire la capacità del cane di stare in modo positivo con gli altri cani, è necessario sviluppare in lui un adeguato comportamento prosociale. La prosocialità è la capacità del cane di inserirsi positivamente nelle dinamiche sociali e quindi di vivere con serenità anche le situazioni esterne al suo gruppo di affiliazione. Questo aspetto è molto importante nella società di oggi, caratterizzata da spazi privati ridotti, con ampie zone di condivisione con l'esterno (l'androne del condominio, l'ascensore, il giardinetto), con una situazione interattiva complessa riconducibile all'affollamento urbano. Le persone necessariamente si muovono su spazi pubblici e devono favorire lo sviluppo nel cane delle capacità di sostenere queste sfide.

Tra l'altro, negli ultimi dieci anni si è registrato un cambiamento nel modo di interpretare la relazione con il cane che è andato ad accrescere questo bisogno di capacità prosociali. Se fino agli anni Novanta le persone interpretavano la loro relazione soprattutto in casa e il cane era portato fuori quasi esclusivamente per i bisognini, oggi si vuole vivere il rapporto con lui a 360°: farsi accompagnare dal cane in tutte le situazioni (al bar come al ristorante, sui mezzi pubblici come in albergo, al lavoro o in spiaggia) svolgere attività sociali e sportive con il cane, come la *pet therapy* o l'*agility*.

Questa nuova dimensione pubblica della relazione con il cane è auspicabile per lui perché, come si è detto più volte, il cane ama stare con noi ed essere coinvolto nelle nostre attività. Ma, accanto agli aspetti positivi, non dobbiamo dimenticare che questa partecipazione attiva e allargata del cane richiede una sua maggiore capacità prosociale, una vera e propria cittadinanza che non a caso è stata formalizzata in Italia da un progetto denominato «Buon cittadino a 4 zampe» (Bc4z). Se daremo al cane queste disposizioni e conoscenze, lui interpreterà i cani presenti nel mondo esterno come amici da incontrare e non come nemici con cui scontrarsi. Per questa ragione anche chi possiede un giardino dovrebbe condurre il cane all'esterno, proprio per evitare di creare in lui l'antitesi tra interno da difendere ed esterno da combattere.

La prosocialità riguarda diversi aspetti:

- La **socializzazione primaria**, che riguarda la capacità del cane di riconoscere i propri simili e di avere un corretto stile di interazione con loro.
- La **socievolezza**, che riguarda il piacere e la disposizione del cane a stare nelle situazioni sociali.
- La **capacità comunicativa**, che riguarda la proprietà del cane di mettere in atto tutti i corretti rituali di incontro e di approccio.
- L'**integrazione**, ovvero l'insieme delle conoscenze e delle competenze che permettono al cane di affrontare le situazioni presenti nel contesto urbano.

• La **riflessività**, ossia la capacità del cane di controllare il comportamento impulsivo.

Per quanto riguarda la *socializzazione primaria*, è indispensabile prima di tutto che il cucciolo resti con la madre nei primi 60 giorni di vita e che poi successivamente il partner umano continui le relazioni sociali del cucciolo attraverso le *puppy class*.

La socializzazione primaria indica la capacità di relazione sociale e va incentivata in tutta l'età evolutiva del cane, vale a dire nei primi 2 anni di vita, attraverso incontri con gli altri cani, anche se ovviamente sotto il nostro controllo. Questo perché una socializzazione, per essere profonda, deve coinvolgere un gran numero di attività ed essere estesa a tutti i periodi dell'età evolutiva che inevitabilmente presentano sfide sociali differenti.

Per quanto concerne la *socievolezza*, misura della disponibilità alla relazione (vado verso gli altri, amo stare in mezzo agli altri), dobbiamo riferirci a tre aspetti:

• Il **carattere emozionale** del cane, ossia se prevalgono le emozioni positive o negative: nel primo caso avremo un carattere aperto e disponibile alla relazione, altrimenti il cane si presenterà tendenzialmente chiuso e diffidente.

• Il **carattere motivazionale**, ossia quali motivazioni sono prevalenti in quel cane, perché se prevarranno quelle sociali, collaborative, epimeletiche avremo una tendenza alla socievolezza che, viceversa, è ostacolata dalle motivazioni possessive, territoriali, difensive.

• La **marcatura emozionale** delle situazioni sociali, vale a dire a quali emozioni il cane ha legato il ricordo delle sue esperienze sociali: se positive si butterà nella mischia sociale, se negative la eviterà.

Ci sono poi delle conoscenze, cioè una sorta di *expertise* sociale, che se, possedute dal cane, lo aiutano a inserirsi correttamente nelle dinamiche sociali che caratterizzano l'ambiente urbano. Non manifestare comportamenti eccessivi come saltare addosso, arrivare contro, mettere le zampe addosso sono particolarmente ricercati nei costumi dei cani urbani che preferiscono un *aplomb* anglossassone piuttosto che l'esuberanza latina. Il perché è presto detto: la città è fatta di spazi ridotti, di tempi affrettati, di barriere architettoniche per l'espressione canina.

La prosocialità si misura anche in termini di autocontrollo, moderazione, riflessività, corretta comunicazione, capacità di fare la cosa giusta a seconda dell'ambiente e della situazione in cui ci si trova.

***VEDI*** > ACQUIETAMENTO PP. 186, 282; EMOZIONI P. 81; MOTIVAZIONE P. 129; PACIFICAZIONE P. 133; SOCIALIZZAZIONE P. 314.

**SOCIALIZZAZIONE PRIMARIA. Processo che consente al cucciolo di sapere a quale specie appartiene.**

- **LA SITUAZIONE TIPO:** il cucciolo, allevato da una gatta e circondato da gatti, è sorpreso nel vedere un cane.
- **A COSA PENSA IL CANE:** *«Io sono un gatto»*.

## Il consiglio dell'etologo

Alla nascita, un cucciolo non sa di essere un cane. Questo processo d'identificazione, chiamato «socializzazione primaria», inizia a partire dalla 4ª settimana di vita e termina verso il 4° mese. Avviene naturalmente grazie al legame stretto che unisce il cucciolo alla madre e alle numerose interazioni con i fratelli

e le sorelle e gli altri cani adulti. In seguito a questi ripetuti contatti, il cane memorizza le caratteristiche e i codici di comportamento tipici della specie.

La socializzazione primaria dà al cane la capacità di riconoscere i soggetti della propria specie e di mettere in atto uno stile comportamentale adeguato alle diverse situazioni e riconoscibile da parte degli altri cani.

Se, durante questo periodo, il cucciolo non ha relazioni con la propria specie, s'identificherà con quella che gli è più vicina: un gatto, se è stato allattato da una gatta; un umano se è stato nutrito con il biberon… Più tardi, i suoi comportamenti sociali saranno orientati verso la specie con la quale si identifica.

***VEDI*** > ALTERITÀ P. 29; ATTACCAMENTO PP. 48, 285; IMPREGNAZIONE P. 106; PROSOCIALITÀ P. 310.

**TOELETTATURA. Uno dei rituali umani che ci cambia e a volte modifica i rapporti canini.**

- **LA SITUAZIONE TIPO:** il cane osserva con fare interrogativo un caniche royal tinto di rosa, profumato e toelettato da leone.
- **A COSA PENSA IL CANE:** *«Ma per chi mi hai preso?»*.

## Il consiglio dell'etologo

Se è vero che una delle dimensioni di relazione riguarda anche il lato estetico, è altrettanto vero che il cane non è un oggetto ma un essere vivente che va rispettato nelle sue esigenze primarie. Quindi occorre moderazione e non esagerare con la smania di lavare continuamente il nostro cane, di imbellettarlo come se fosse una bambolina. Questo nostro modo di interagire con lui nasconde un gran carico di sofferenza che gli procuriamo, in quanto chi ha questo approccio tende a diminuire fortemente il campo d'azione del cane: non sporcarti, così ti rovini il pelo, stai lontano da quei meticci pulciosi.

Anche coprirlo di essenze profumate non è certo il meglio per lui, anche perché le sue preferenze in fatto di odorato sono assai diverse dalle nostre. Se sentirà questi odori sul corpo sarà maggiormente incentivato a cercare un odore alternativo più piacevole per lui con cui coprire la puzza del nostro profumo. La sua scelta ricadrà - ahinoi - su escrementi e carogne di animali… quindi è preferibile lasciargli il suo odore naturale.

***VEDI*** > ANNUSARE PP. 33, 284; BAGNO P. 194; PROFUMO P. 247; OLFATTO P. 239.

**VOCALIZZAZIONE. Modalità di comunicazione basata sull'emissione di suoni.**

- **LA SITUAZIONE TIPO:** il cane sta ululando alla luna.
- **A COSA PENSA IL CANE:** *«Non voglio stare da solo».*

## Il consiglio dell'etologo

La comunicazione vocale nel cane prevede un repertorio assai articolato di suoni che vanno interpretati come disposizioni generali, talvolta con variabili di significato riferibili al tono, alla ripetizione del verso, all'ondulazione timbrica, alla lunghezza del suono.

Ne è un esempio l'abbaio che:

- Rapido e continuo è una segnalazione di avviso o di allarme.
- Continuo e lento, indica pericolo in vista.
- Singolo e ripetuto uno o due volte, indica richiesta di attenzione.
- Prolungato è un segnale di solitudine.

Le vocalizzazioni possono essere così suddivise:

- L'**abbaio** rappresenta un segnale giovanile di avviso e di eccitazione.
- L'**ululato** rappresenta un segnale di concertazione per serrare il branco e richiamare gli altri membri o ingaggiare un'attività di gruppo: la tendenza a ululare può essere stimolata dal suono delle sirene o dall'atto di cantare.
- L'**uggiolio** rappresenta un'espressione di disagio: nel cane viene espresso come un pigolio prolungato o uno squittio

quando il soggetto vuole qualcosa (per esempio uscire) o si trova in uno stato di inquietudine.

• Il **guaito** rappresenta un segnale di dolore o di paura: viene espresso o in modo acuto e corto per un dolore improvviso o in modo ripetuto in caso di dolore continuato o di paura.

• Il **ringhio** è un chiaro segnale di minaccia espresso con l'intenzione avversativa, ossia di allontanare un altro soggetto: viene espresso in modo sommesso e basso per allontanare qualcuno, o misto ad abbaio per avvisare la prossimità dell'aggressione.

• Il **latrato** è un segnale di eccitazione che dà una direzione al gruppo: è facilmente riscontrabile nelle mute che si orientano in modo esplorativo o predatorio verso una preda.

Esistono altri suoni non prettamente vocali seppure espressi con la bocca come:

• **Sospiro prolungato**, che viene emesso nell'atto di sdraiarsi nella copertina prima di schiacciare un pisolino.

• **Sospiro secco**, che significa disappunto rispetto a quello che gli si chiede.

• Lo **sbadiglio**, che indica frustrazione, ossia bisogno negato o ricerca di vicinanza.

• L'**ansito**, che significa disagio, eccitazione, inquietudine, ovvero in generale attivazione del cane per la situazione in cui si trova.

***VEDI*** > ABBAIO P. 324; COMUNICAZIONE NON VERBALE P. 210.

# COS'ALTRO DEVI SAPERE...

di *Ilaria Innocenti*

L'amicizia tra uomo e cane è molto antica. Per vivere in maniera completa e soddisfacente il rapporto con il nostro amico a quattro zampe è necessario tenere sempre presente che il cane ha una propria soggettività e che, a dispetto di un pregiudizio assai troppo diffuso, per sua natura è un animale collaborativo non ubbiditivo. Il cane ha bisogno di stare con noi perché la sua identità non è individuale ma collettiva. La partecipazione alla vita del gruppo, la condivisione di esperienze e situazioni, la possibilità di dare il proprio contributo nella vita di tutti i giorni sono aspetti fondamentali per il suo benessere ed equilibrio psicologico e relazionale. La scelta di vivere con un cane deve essere quindi ponderata con grande responsabilità. Oltre a cercare un'affinità elettiva con l'animale e orientarci verso il cane in grado di interagire al meglio con noi e con la nostra famiglia, è necessario essere consapevoli delle necessità fisiche, emotive, affettive e relazionali dell'animale. Adottare un cane non significa solo nutrirlo e offrirgli una cuccia, o un giardino, ma farlo partecipe della nostra vita condividendo con lui tempo ed esperienze.

A completamento del presente dizionario, questa appendice normativa si propone di offrire una sintetica guida della legislazione in vigore. A tutela dei cani intervengono infatti varie norme: Leggi nazionali, Ordinanze Ministeriali, Leggi regionali, regolamenti comunali. E anche il Codice civile, e il Codice penale. Il dizionario offre un panorama della normativa e vi insegna a impostare e mantenere una corretta relazione con il vostro amico, permettendovi così di avere accanto un buon cittadino a quattro zampe, di conoscere i vostri doveri e suoi diritti e di tutelarli.

La cura, il rispetto delle caratteristiche etologiche e la tutela dei nostri amici animali, sono doveri morali, oltre ad essere precisi obblighi giuridici. I cani, come gli altri animali, sono esseri senzienti: provano piacere e dolore, hanno emozioni e bisogni la cui frustrazione provoca disagio, sofferenza, difficoltà fisiche ed emotive. Questa realtà, per molto tempo negata o non sufficientemente riconosciuta, è stata finalmente codificata dal nuovo trattato dell'Unione Europea, che all'art II-13 riconosce agli animali lo status di esseri senzienti. Si tratta di un indiscutibile e doveroso riconoscimento che deve far riflettere, accanto alle ragioni di tipo etico, su come l'adozione, e non l'acquisto, sia un atto di amore coerente con la natura non di oggetti ma di esseri con una propria vita relazionale ed emotiva.

Quando scegliete un cane tenete presente che nei canili italiani ve ne sono ben 600 mila in attesa di una famiglia e che adottandone uno gli donerete le cure e l'affetto negati, e darete al contempo un importante contributo alla lotta al randagismo. La vostra preferenza non deve inoltre andare per forza a un cucciolo. Anche con i cani adulti si possono instaurare rapporti meravigliosi! Date una nuova chance anche a un animale non più giovanissimo o a uno diversamente abile, e lo salverete dal trascorrere tutta l'esistenza in un rifugio o per strada. Qualunque sia la vostra scelta, cucciolo o adulto, ricordate che sterilizzarlo è importante per la sua salute e per contrastare il fenomeno del randagismo.

# Il cane e la legge: i suoi diritti i tuoi doveri

## ABBAIO

Se un cane abbaia, questo comportamento non può essere considerato disturbo della quiete ex art. 659 del Codice penale, fino a quando le proteste non siano avanzate da una pluralità di persone. Come ha stabilito la Corte di Cassazione con Sentenza n.1394 del 6/3/2000 infatti, affinché vi sia reato è necessario che «i rumori siano obiettivamente idonei a incidere negativamente sulla tranquillità di un numero indeterminato di persone». È chiaro dunque come secondo la Suprema Corte, affinché si possa parlare di disturbo alla quiete pubblica, il fastidio deve essere arrecato a una pluralità di persone altrimenti il fatto non sussiste. E vi è di più: abbaiare per un cane è un diritto esistenziale. Lo ha affermato il giudice di pace di Rovereto in una sentenza emessa a seguito di una richiesta di risarcimento inoltrata da un pensionato nei confronti un suo vicino di casa i cui dobermann erano incolpati, dall'anziano, di abbaiare continuamente.

La Legge quadro sull'inquinamento acustico, la 447 del 1995 con i successivi regolamenti attuativi prevede che nelle abitazioni l'immissione di rumore non sia tollerabile se supera il rumore di fondo «naturale» di cinque decibel durante il giorno e di tre decibel durante la notte. Il danno non può essere misurato a orecchio, ma attraverso la rilevazione di un tecnico specializzato competente in acustica ambientale, www.euroacustici.org.

Il continuo abbaiare, non quello sporadico, è comunque un segnale di disagio del cane che non deve essere sottovalutato. È quindi importante parlarne e farlo visitare da un medico veterinario.

È indispensabile anche prendere idonee precauzioni per prevenire eventuale disturbo arrecato ai vicini.

## ABBANDONO

Chi abbandona un cane commette un reato. Ai sensi dell'articolo 727 del Codice penale, così come modificato dalla Legge n. 189/2004, chiunque abbandona animali domestici o che abbiano acquisito abitudini della cattività è punito con l'arresto fino a un anno o con l'ammenda da 1.000 a 10 mila euro.

Chiunque assista a un caso di abbandono deve sporgere denuncia a un qualsiasi organo di polizia nazionale (Carabinieri, Polizia di stato, Corpo Forestale dello Stato) o di polizia locale (Polizia Municipale, Polizia Provinciale) e fornire tutti gli elementi utili all'individuazione dei colpevoli.

## ADDESTRAMENTO

Sono vietati: l'addestramento di cani che ne esalti l'aggressività e qualsiasi operazione di selezione o di incrocio di cani con lo scopo di svilupparne l'aggressività.

## ANAGRAFE CANINA

È obbligatorio provvedere all'identificazione e alla registrazione dei cani nell'Anagrafe canina del Comune di residenza o della Asl competente, in conformità alle disposizioni adottate dalle Regioni e dalle Province autonome di Trento e Bolzano e all'*Ordinanza contingibile ed urgente concernente misure per l'identificazione e la registrazione della popolazione canina* del Ministero del lavoro, della salute e delle politiche sociali (G.u. n. 194-2008) ai sensi di cui il proprietario o il detentore di un cane deve provvedere a far identificare con microchip e registrare l'animale nel secondo mese di vita.

Il certificato di iscrizione in Anagrafe canina deve accompagnare il cane in tutti i trasferimenti di proprietà.

L'identificazione del cane e l'iscrizione in Anagrafe canina, oltre a essere un obbligo di legge, rende possibile rintracciare il proprio cane in caso di smarrimento ed è di fondamentale importanza per prevenire il randagismo.

L'Anagrafe canina è un vero e proprio registro della popolazione dei cani e ne riporta i mutamenti: variazione o rinuncia di proprietà, variazione di residenza, smarrimento, furto, e morte. Oltre a iscrivere i cani in Anagrafe, è dunque obbligatorio comunicare, entro i tempi previsti dalla propria legge Regionale di applicazione della Legge n. 281/91 *Legge Quadro in materia di animali d'affezione e prevenzione del randagismo*, la variazione e la rinuncia di proprietà, la variazione di residenza, lo smarrimento, il furto e il decesso dell'animale.

## ASSICURAZIONE

È consigliabile per tutti i cani, ma in base all'articolo 3 comma 4 dell'*Ordinanza contingibile ed urgente concernente la tutela dell'incolumità pubblica dall'aggressione dei cani* del Ministero del lavoro, della salute e delle politiche sociali (G.U. n. 68-2009), è obbligatoria per i soggetti iscritti nel registro dei cani ritenuti a rischio potenziale elevato in base alla gravità delle eventuali lesioni provocate a persone, animali o cose.

## BOCCONI AVVELENATI

Avvelenare un animale è un reato ai sensi degli articoli 544-bis e 544-ter del Codice penale, cioè rispettivamente uccisione e maltrattamento di animali. Toscana, Puglia e Umbria hanno una propria legge regionale per contrastare il fenomeno.

Il 17 gennaio 2009 è inoltre entrata in vigore l'*Ordinanza contingibile ed urgente concernente norme sul divieto di utilizzo e di detenzione di esche o bocconi avvelenati* di cui auspichiamo la reiterazione.

Per aggiornamenti sull'Ordinanza e informazioni su come proteggere gli animali: www.lav.it

I casi di avvelenamento devono essere documentati e denunciati. La denuncia, oltre a rendere possibile l'identificazione e la punizione degli avvelenatori, testimonierà la gravità del problema e renderà meno difficile il percorso per fermare il fenomeno. Essa deve contenere le prove dell'avvelenamento dell'animale - occorrerà quindi allegare tutti i referti veterinari - e può essere presentata presso qualsiasi organo di polizia giudiziaria (Carabinieri, Polizia di Stato, Corpo Forestale dello Stato, Polizia Provinciale, Polizia Municipale).

Nel caso di rinvenimento di materiale sospetto, occorre attivarsi tempestivamente segnalandone subito la presenza agli organi di vigilanza (Corpo Forestale dello Stato, Polizia Municipale, Polizia Provinciale, Servizio Veterinario ASL, Carabinieri ecc.).

## CANI «PERICOLOSI»

L'*Ordinanza contingibile ed urgente concernente la tutela dell'incolumità pubblica dall'aggressione dei cani* (G.U. n. 68-2009) ha eliminato l'inutile e dannosa black list contenuta nelle precedenti Ordinanze e ha confermato ed evidenziato la responsabilità civile e penale dei proprietari e di coloro che detengono animali anche per un periodo limitato di tempo.

L'Ordinanza ha istituito percorsi formativi al termine dei quali sarà rilasciato un patentino. I percorsi formativi sono obbligatori per i proprietari di cani a rischio potenziale elevato individuati dai Comuni in collaborazione con i Servizi Veterinari, facoltativi per tutti gli altri. I cani ritenuti pericolosi sono iscritti in uno speciale registro. Per i cani iscritti nel registro è obbligatoria l'assicurazione di responsabilità civile e devono essere condotti sempre sia con il guinzaglio che con la museruola anche nelle aree urbane e nei luoghi aperti al pubblico.

## CODICE DELLA STRADA

Ai sensi dell'articolo 169 del Codice della Strada non è ammesso il trasporto di animali domestici in numero superiore a uno e l'animale deve essere gestito in modo da non costituire impedimento per chi guida.

Il trasporto di animali in numero superiore è consentito purché custoditi in apposito contenitore o gabbia oppure nel vano posteriore della vettura separato dal posto di guida da adeguata rete o altro mezzo che, se installati in via permanente, devono essere autorizzati dal competente ufficio provinciale della Direzione generale della M.C.T.C.

Per un solo cane quindi, nessuna rete divisoria, è sufficiente porlo sul sedile o vano posteriore.

Contravvenire a queste modalità di trasporto può costare il pagamento di una somma da euro 68,25 a euro 275,10 e un punto di penalità che si raddoppia per chi ha la patente da un periodo di tempo inferiore a tre anni, conseguita successivamente alla data del 1° ottobre 2003.

Per quanto riguarda i mezzi a due ruote, decisamente sconsigliati nel caso di viaggio con animale, l'articolo 170 del Codice della Strada ne consente tuttavia il trasporto, ma solo se custoditi in apposita gabbia o contenitore. Gabbia o contenitore non devono sporgere né lateralmente né longitudinalmente rispetto alla sagoma del mezzo e non devono impedire e limitare la visibilità del conducente.

## COLLARI ELETTRICI

La giurisprudenza di merito e di legittimità ha più volte stabilito che l'uso di collari elettrici costituisce maltrattamento.

L'*Ordinanza contingibile ed urgente concernente la tutela dell'incolumità pubblica dall'aggressione dei cani* inserisce tra le premesse un esplicito richiamo alla sentenza della III sezione penale della Corte di Cassazione n. 15061 del 13 aprile 2007, con la quale la Suprema Corte ha ritenuto che l'uso del collare di tipo elettrico, quale «congegno che causa al cane una inutile e sadica sofferenza», rientra nella previsione dell'ipotersi di reato di maltrattamento di animali.

## COMBATTIMENTI

Chiunque promuova, organizzi o diriga combattimenti tra cani o altri animali è punito con la reclusione da uno a tre anni e con la multa da 50.000 a 160.000 euro. A stabilirlo è l'articolo 544-quinques del Codice penale ai sensi del quale anche l'allevamento o l'addestramento di animali per i combattimenti sono reati puniti con la reclusione da tre mesi a due anni e con la multa da 5.000 a 30.000 euro.

## CONDOMINIO

Il divieto di tenere animali domestici negli appartamenti non può essere stabilito legittimamente dal Regolamento condominiale, sia a norma dall'articolo 1138 del Codice civile - secondo il quale le norme del regolamento non possono in alcun modo menomare i diritti di proprietà e di godimento spettanti a ciascuno dei condomini nell'ambito della proprietà esclusiva - sia per evitare un contrasto con la legge nazionale sul randagismo 281/91, la quale, invece, sancisce la tutela gli animali d'affezione e sanziona l'abbandono. Sono quindi rarissimi i casi in cui il Giudice e l'Autorità

Sanitaria possono imporre l'allontanamento dell'animale e l'assemblea condominiale non può impedirne il possesso neanche se vota a maggioranza!

Solo nell'ipotesi in cui all'atto dell'acquisto, o della locazione, fosse menzionata l'esistenza di un regolamento di tipo contrattuale con esplicito divieto di detenere animali, e per avere efficacia vincolante il regolamento condominiale contrattuale deve essere menzionato ed esplicitamente accettato negli atti di acquisto o di locazione, esso sarà vincolante.

Se si vive con un animale oppure se si è intenzionati in futuro a circondarsi della sua presenza è necessario dunque fare attenzione, al momento dell'acquisto di un immobile o della stipulazione di un contratto di affitto, che il regolamento condominiale non obblighi contrattualmente a privarsi della sua preziosa compagnia.

Per quanto riguarda, inoltre, il diritto di uso dell'ascensore o delle scale del condominio, considerate «parti comuni del condominio» (articoli 1102 e 1117 del Codice civile), questo non può essere limitato dal regolamento condominiale, ad eccezione come chiarito in precedenza, di regolamento condominiale contrattuale, in quanto inteso a limitare l'utilizzo che ogni condomino ha diritto di fare delle parti e degli impianti comuni (articolo 1102 del Codice civile).

L'unico limite all'utilizzo di spazi comuni con animali è ovviamente il divieto di alterare la destinazione della cosa comune e nel divieto di impedire agli altri partecipanti di farne parimenti uso secondo il loro diritto.

## DECESSO

Le salme degli animali sono considerate rifiuti speciali e dunque da incenerire. È però possibile, laddove ne esista uno, seppellirle in cimiteri per animali da compagnia. È consentito anche il sotterramento in terreni privati cittadini, ma a condizione che il Servizio Veterinario ASL, opportunamente informato, decida che non vi siamo controindicazioni di carattere sanitario all'inumazione. Quando invece ci si imbatta in un animale morto per strada si deve chiamare il Servizio Veterinario ASL (o il Comune, a seconda del luogo dove ci si trova).

## DEIEZIONI

È obbligatorio raccogliere le feci e di avere con sé strumenti idonei alla raccolta delle stesse.

## DENUNCIA

La denuncia deve contenere i dati del denunciante (se anonima non sarà presa in considerazione dalla forze dell'ordine), una precisa esposizione dei fatti, l'indicazione dei responsabili (solo se conosciuti, altrimenti va sporta contro ignoti), degli elementi che possano condurre all'individuazione di essi (nel caso appunto di denuncia «contro ignoti»), i nomi di eventuali testimoni, cioè persone che hanno assistito ai fatti, infine la data e la sottoscrizione.

Per fare in modo che la denuncia sia il più possibile completa è importante allegare all'atto ogni documento utile: materiali video o fotografici ed eventuali referti medico veterinari che attestino la condizione dell'animale. È inoltre importante affidarsi a un legale di fiducia in loco che possa seguire l'andamento della denuncia.

Le forze dell'ordine non possono rifiutarsi di ricevere l'atto di denuncia.

**La denuncia**

- Si compila su un foglio di carta semplice in duplice copia, la seconda delle quali è necessaria per farsi attestare l'avvenuta presentazione.
- Deve includere la clausola chiedo «di essere informato riguardo eventuali richieste di proroghe delle indagini preliminari ed eventuali richieste di archiviazione ai sensi degli articoli. 406 e 408 c. p. p.».
- Deve essere depositata a mano o con raccomandata a/r, presso la cancelleria della Procura o presso un qualsiasi ufficio di Polizia giudiziaria (Carabinieri, Polizia di Stato, Corpo Forestale dello Stato, Guardia di Finanza, Polizia Municipale e Provinciale) che sono tenuti non solo a riceverla, ma a predisporre gli opportuni accertamenti.

**Cosa fare dopo aver sporto la denuncia?**

Successivamente alla presentazione della denuncia, se il denunciante è persona offesa (per esempio, il proprietario dell'animale o un'associazione di protezione animali) è possibile chiedere, dopo un certo periodo di tempo (qualche mese, di norma) qual è stato l'esito dell'atto e che indagini sono in corso. In caso sia stata chiesta l'archiviazione può esserne richiesta copia, valutarne i motivi ed eventualmente fare opposizione, nel termine di 10 giorni. Nei casi di inerzia degli organi di Polizia Giudiziaria, che non vogliono ricevere la denuncia o che si dichiarano «incompetenti» a trattare questioni inerenti gli animali, tale condotta può essere segnalata ai superiori e al Procuratore della Repubblica.

## DICHIARAZIONE DEI REDDITI

Con la comprovante documentazione, le spese veterinarie sostenute per gli animali legalmente detenuti a scopo di compagnia e pratica sportiva possono essere detratte al 19% dalla denuncia dei redditi per la parte che eccede all'importo di euro 129,11 e nel limite massimo di euro 387,34.

## EUTANASIA

L'articolo 544-bis del Codice penale punisce chi per crudeltà o senza necessità, causa la morte di un animale. La norma introdotta non prevede distinzione tra animale proprio e animale altrui, né particolari modalità impiegate per causarne il decesso. Inoltre ai sensi della Legge 281/91 - *Legge quadro in materia di animali d'affezione e prevenzione del randagismo* - e a quelli delle leggi regionali di recepimento, i cani possono essere soppressi in modo esclusivamente eutanasico, a opera di medici veterinari, soltanto se gravemente malati, incurabili o di comprovata pericolosità.

L'eutanasia è un atto medico e quindi può essere decisa ed effettuata solo da un veterinario ed esclusivamente per casi di particolare gravità ovvero affetti da una patologia inguaribile senza possibilità di miglioramento con alcuna terapia chirurgica o farmacologia, adeguatamente documentata e certificata e non dal proprietario dell'animale o dal titolare di una struttura d'accoglienza.

## FUGA DA CASA (cosa rischio)

L'articolo 672 del Codice penale, depenalizzato, ma sempre valido punisce l'omessa custodia e il malgoverno di animali. Secondo tale articolo chiunque lascia liberi o non custodisce con le debite cautele animali pericolosi da lui posseduti o ne affida la custodia a persona inesperta è punito con l'ammenda fino a 250 euro. L'articolo 2052 del Codice civile prescrive che «il proprietario di un animale o chi se ne serve per il tempo in cui lo ha in uso, è responsabile dei danni cagionati dall'animale, sia che fosse sotto la sua custodia, sia che fosse smarrito o fuggito, salvo che provi il caso fortuito».

## GUINZAGLIO E/O MUSERUOLA

Ai sensi dell'*Ordinanza contingibile ed urgente concernente la tutela dell'incolumità pubblica dall'aggressione dei cani* (G.U. n. 68-2009) è obbligatorio l'utilizzo del guinzaglio a una misura non superiore a mt. 1,50 durante la conduzione dell'animale nelle aree urbane e nei luoghi aperti al pubblico, fatte salve le aree per cani individuate dai Comuni. La museruola (rigida o morbida) va sempre portata con sé e indossata in caso di bisogno. L'obbligo del guinzaglio e della museruola sussiste invece per i cani condotti nei locali pubblici o sui mezzi di trasporto. I soggetti iscritti nel registro dei cani a rischio potenziale elevato devono essere condotti sempre sia con il guinzaglio che con la museruola anche nelle aree urbane e nei luoghi aperti al pubblico.

## INTERVENTI ESTETICI

Sono vietati gli interventi chirurgici destinati a modificare la morfologia di un cane o non finalizzati a scopi curativi, con particolare riferimento alla recisione delle corde vocali, al taglio delle orecchie, al taglio della coda, fatta eccezione (purtroppo!) per i cani appartenenti alle razze canine riconosciute alla F.C.I. con caudotomia prevista dallo standard. Il taglio della coda, ove consentito, deve essere eseguito e certificato da un medico veterinario, entro la prima settimana di vita dell'animale.

Gli interventi chirurgici su corde vocali, orecchie e coda sono consentiti esclusivamente con finalità curative e con modalità conservative certificate da un medico veterinario. Il certificato veterinario segue l'animale e deve essere presentato ogniqualvolta richiesto dalle autorità competenti.

Gli interventi chirurgici effettuati in violazione di quanto disposto sono da considerarsi maltrattamento animale ai sensi dell'articolo 544-ter del Codice penale.

A stabilirlo è l'*Ordinanza contingibile e urgente concernente la tutela dell'incolumità pubblica dall'aggressione dei cani* (G.U. n. 68-2009). La proposta di legge di ratifica ed esecuzione della Convezione europea per la protezione degli animali da compagnia, fatta a Strasburgo il 13 novembre 1987, nonché norme di adeguamento dell'ordinamento interno, di imminente approvazione integrerà l'articolo 544-ter del Codice penale con la previsione che gli interventi chirurgici destinati a modificare la morfologia di un cane o finalizzati a scopi non terapeutici sono vietati. Il testo e informazioni sulla legge saranno pubblicate sul sito: www.lav.it

## MALTRATTAMENTO

Con la legge n. 189/04 *Disposizioni concernenti il divieto di maltrattamento degli animali, nonché di impiego degli stessi in combattimenti clandestini o competizioni non autorizzate*, maltrattare gli animali è diventato un reato.

Chi per crudeltà o senza necessità, arreca una lesione ad un animale ovvero lo sottopone a sevizie o a comportamenti o a fatiche o a lavori insopportabili per le sue caratteristiche etologiche, rischia la reclusione da tre mesi a un anno o la multa da 3 mila a 15 mila euro.

La pena è aumentata della metà se dai fatti deriva la morte dell'animale.

In caso di fatti rispondenti alle condotte previste dall'articolo 544-ter del Codice penale, è possibile per chi vi assiste o per chi ne ha notizia da fonte affidabile (che occorre citare nella denuncia) sporgere denuncia (orale o scritta) presso un qualsiasi organo di polizia giudiziaria (Polizia, Carabinieri, Polizia Municipale, Corpo Forestale dello Stato ecc.), o presso la segreteria del Procuratore della Repubblica. La Polizia giudiziaria è obbligata a riceverla e ad indagare sul reato per impedire che questo venga portato a ulteriori conseguenze (articolo 55 c. p. p.).

Se accade di essere presenti mentre il reato viene commesso è ovviamente necessario chiedere telefonicamente l'intervento di una Forza di polizia nazionale o locale (polizia municipale o provinciale).

La Forza di polizia contattata non può rifiutarsi di intervenire, in caso contrario potrebbe incorrere nel reato di omissione di atti d'ufficio (articolo 328 Codice penale).

## MEZZI DI TRASPORTO

Le regole e le condizioni di trasporto variano a seconda dei diversi mezzi utilizzati. Per quanto riguarda le compagnie aeree e di navigazione è indispensabile informarsi chiamandole direttamente in quanto le regole e le condizioni di trasporto variano a seconda dei diversi mezzi utilizzati, ma possono variare anche a seconda della compagnia. Per i treni invece è possibile consultare il Regolamento di Trenitalia (www.trenitalia.it). Sugli autobus non vi è una legge nazionale di divieto o di permesso. Anche per questo mezzo di trasporto occorre consultare il Regolamento della compagnia.

## MICROCHIP

È un piccolo dispositivo elettronico innocuo rivestito di materiale biocompatibile da iniettarsi sotto la cute. Contiene un codice numerico che identifica inequivocabilmente il cane e il suo proprietario. Oltre ad essere un obbligo di legge, il microchip permette di risalire al proprietario in caso di smarrimento. L'iscrizione e l' inserimento del microchip si possono effettuare sia presso il Servizio veterinario della Asl che presso un veterinario libero professionista. È comunque opportuno munire l'animale anche di una medaglietta di riconoscimento con un numero telefonico da contattare in caso di smarrimento.

## MINACCIA

Nel caso in cui qualcuno minacci di fare ritorsioni su di un animale, di proprietà o meno, è possibile presentare una denuncia - querela alla Polizia Municipale, o alla Polizia di

Stato, o ai Carabinieri o al Corpo Forestale dello Stato, per minaccia ex articolo 612 Codice penale che punisce a querela della persona offesa «*chiunque minaccia ad altri un ingiusto danno*» in relazione all'articolo 544-bis del Codice penale uccisione di animali. È comunque opportuna l'assistenza di un legale che ne segua l'andamento.

## MORSO

Ai sensi del Dpr 320 del 1954 *Regolamento di Polizia Veterinaria* al fine della prevenzione della rabbia, il cane che ha morso persone o animali deve essere isolato e tenuto e in osservazione per 10 giorni preso il canile comunale. «L'osservazione a domicilio può essere autorizzata su richiesta del possessore solo se non risultano circostanze epizoologicamente rilevanti e in tal caso l'interessato deve dichiarare di assumersi la responsabilità della custodia dell'animale e l'onere per la vigilanza da parte del veterinario comunale».

## OBBLIGHI DEL PROPRIETARIO

Il proprietario e chiunque accetti di detenere un cane non di sua proprietà se ne assume la responsabilità per il relativo periodo e deve:

• Utilizzare sempre il guinzaglio a una misura non superiore a metri 1,50 durante la conduzione dell'animale nelle aree urbane e nei luoghi aperti al pubblico, fatte salve le aree per cani individuate dai Comuni.

• Portare con sé una museruola, rigida o morbida, da applicare al cane in caso di rischio per l'incolumità di persone o animali o su richiesta delle Autorità competenti.

• Affidare il cane a persone in grado di gestirlo correttamente.

• Acquisire un cane assumendo informazioni sulle sue caratteristiche fisiche ed etologiche nonché sulle norme in vigore.

• Assicurare che il cane abbia un comportamento adeguato alle specifiche esigenze di convivenza con persone e animali rispetto al contesto in cui vive.

• Raccoglierne le feci e avere con sé strumenti idonei alla raccolta delle stesse.

Il proprietario o colui che a qualsiasi titolo, accetti di detenere un cane definito a rischio potenziale elevato deve:

• Condurlo con il guinzaglio e la museruola nelle aree urbane e nei luoghi aperti al pubblico.

• Stipulare l'assicurazione di responsabilità civile.

• Seguire un percorso formativo al termine del quale è rilasciato un patentino.

• Rispettare le misure di prevenzione stabilite dai Servizi Veterinari e sottoporre il cane a eventuale intervento terapeutico comportamentale da parte di medici veterinari esperti in comportamento animale.

## PASSAPORTO

I cani, i gatti e i furetti che viaggiano all'estero accompagnati dal loro proprietario o da una persona fisica che se ne assume la responsabilità, devono essere identificati mediante microchip o tatuaggio ed essere muniti di passaporto internazionale, cioè dello speciale titolo di viaggio che deve sempre accompagnare l'animale nei suoi spostamenti al di fuori dei confini nazionali.

Il documento viene rilasciato dai veterinari Asl (Aziende sanitarie locali) in esecuzione del Regolamento comunitario n. 998 del 2003 che disciplina i movimenti a carattere non commerciale degli animali da compagnia nell'Unione Europea o nei Paesi terzi. Il passaporto per animali domestici - in cartone blu cobalto con al centro l'emblema dell'Unione Europea - riporta: i dati anagrafici dell'animale, una sezione relativa agli esami clinici e alle vaccinazioni, in particolare l'antirabbica (obbligatoria per la movimentazione), il numero identificativo del microchip o il tatuaggio (che sarà ammesso però solo fino al 2011). Se i microchip utilizzati non fossero conformi agli standard Iso 11784 o Iso 11785, i proprietari dovranno portare con sé l'apposito lettore di microchip. La foto è facoltativa e il costo del rilascio varia da Regione a Regione.

Per ottenere il rilascio del passaporto per i propri cani, gatti o furetti è necessario farne richiesta con largo anticipo rispetto al viaggio al Servizio Veterinario della Asl, competente per territorio che provvede al rilascio del relativo documento.

Per saperne di più: www.ministerosalute.it/caniGatti/paginaMenuCani.jsp?menu=viaggiare&lingua=italiano

## PATENTINO

Attestato conseguito a seguito dei percorsi formativi organizzati da parte dei Comuni congiuntamente con le Aziende Sanitarie Locali, in collaborazione con gli Ordini professionali dei Medici Veterinari, le Facoltà di Medicina Veterinaria, le Associazioni Veterinarie e le Associazioni di protezione degli animali. La frequenza ai corsi e il conseguimento del patentino, sono obbligatori per proprietari e i detentori dei cani iscritti nel registro dei cani ritenuti a rischio potenziale elevato, facoltativa per gli altri.

La frequenza ai corsi tuttavia è una preziosa opportunità per tutti coloro che vivono con cane o sono intenzionati ad adottarne uno.

Per maggiori informazioni: http://www.ministerosalute.it/caniGatti/caniGatti.jsp

## REGISTRO DEI CANI «PERICOLOSI»

Il registro è tenuto dai Servizi Veterinari delle ASL. Nel registro sono iscritti i cani ritenuti a rischio potenziale elevato, in base alla gravità delle eventuali lesioni provocate a persone, animali o cose.

## UCCISIONE

Con l'entrata in vigore della Legge 189/2004 *Disposizioni concernenti il divieto di maltrattamento degli animali, nonché di impiego degli stessi in combattimenti clandestini o competizioni non autorizzate* maltrattamento, uccisione, combattimenti e doping di animali, sono puniti con pene più severe e il reato non è più estinguibile con l'oblazione.

L'articolo 544-bis del Codice penale punisce con la reclusione da 3 a 18 mesi chiunque, per crudeltà o senza necessità, causa la morte di un animale. La norma introdotta non prevede distinzione tra animale proprio e animale altrui né particolari modalità impiegate per causarne il decesso. Anche l'uccisione di animali attuata da veterinari all'interno di canili e gattili per ragioni non ammesse dalla legge può essere considerata uccisione senza necessità e pertanto punibile ai sensi dell'articolo 544-bis del Codice penale.

# Situazioni pratiche

## IL CANE NON È TORNATO A CASA

Provvedi a darne immediata segnalazione alla Polizia Municipale o al Servizio Veterinario della Asl.

Tappezza la zona in cui è avvenuto lo smarrimento e quelle circostanti di locandine dove sia indicata la descrizione del cane (taglia, colore, sesso, nome, eventuale razza, segni particolari, tipologia e colore del collare, caratteristiche della sua personalità: timido, pauroso, socievole), completata da una foto e da un tuo numero di telefono. Affiggi le locandine in luoghi particolarmente frequentati come bar, edicole, negozi e punti di transito, fermate degli autobus, cassonetti, ambulatori veterinari, rifugi per animali. Contatta giornali e radio locali e chiedi loro di diffondere il tuo appello. Informa del suo smarrimento le associazioni animaliste e zoofile della zona e recati personalmente nei canili anche delle aree limitrofe e chiedi di fare un giro tra i box. Chiama gli studi veterinari e Servizio Veterinario Asl per verificare che non sia stato rinvenuto ferito.

## HO TROVATO UN CANE VAGANTE

Avvicinalo con prudenza e mai in maniera troppo diretta per non spaventarlo. Controlla se è provvisto di medaglietta.

In assenza di medaglietta recante un numero di telefono o di altra informazione per risalire al proprietario, si dovrà denunciarne il ritrovamento presso una forza di Polizia oppure al Servizio Veterinario Asl.

La denuncia certificherà peraltro la condizione di cane vagante ritrovato e servirà a perseguire il responsabile dell'eventuale abbandono.

Il cane vagante sarà consegnato, unitamente al verbale della Pubblica Autorità, alla struttura di accoglienza pubblica o privata convenzionata competente per territorio.

Chi consegna il cane a una struttura pubblica non accompagnato da regolare denuncia ne diventa automaticamente il nuovo proprietario e sarà tenuto a pagare tutte le spese sanitarie e di mantenimento presso la struttura stessa.

Se desideri prendertene cura, potrà essere la struttura, prendendo atto della tua esplicita volontà, a predisporre un affidamento provvisorio in attesa delle indagini sul ritrovamento frutto di un abbandono o di uno smarrimento.

Se il cane si trova su una sede stradale o nei pressi e può essere un pericolo per sé e per gli altri, il numero da chiamare immediatamente è il 113 della Polizia Stradale presso la Polizia di Stato o per le strade urbane la Polizia locale, presso il centralino del Comune o della Provincia.

## HO TROVATO UN CANE FERITO

Anche in questo caso avvicinalo con grande cautela e calma. In mancanza di un numero di pronto soccorso specifico per animali feriti, è necessario rivolgersi al Servizio Veterinario Asl di competenza territoriale. I servizi veterinari delle Asl devono avere reperibilità anche notturna e festiva e sono obbligati a intervenire per il ritiro dell'animale non di proprietà.

## HO TROVATO UN CANE IN DIFFICOLTÀ

Valgono le indicazioni fornite per il cane vagante ma per soccorsi in situazioni particolari (cunicoli, buche ad esempio) chiamare i Vigili del Fuoco al numero 115.

## HO ASSISTITO ALL'ABBANDONO DI UN CANE

Raccogli il maggior numero di elementi per individuare il responsabile (numero di targa, luogo e ora in cui si è verificato, descrizione fisica del responsabile dell'abbandono e dell'animale) e sporgi denuncia presso un qualsiasi organo di polizia giudiziaria (Polizia, Carabinieri, Polizia Municipale, Corpo Forestale dello Stato dello Stato ecc.)

## HO ASSISTITO AL MALTRATTAMENTO DI UN CANE

È possibile sporgere denuncia (orale o scritta) presso un qualsiasi organo di polizia giudiziaria (Polizia, Carabinieri, Polizia Municipale, Corpo Forestale dello Stato ecc.), o presso la segreteria del Procuratore della Repubblica. La denuncia deve contenere un'esposizione dettagliata dei fatti e ogni informazione utile a mostrare la condizione dell'animale. La descrizione dei fatti deve essere quindi molto accurata e, se possibile, corredata di foto.

## MI IMPEDISCONO DI SOMMINISTARE CIBO AI CANI RANDAGI

Qualsiasi divieto di somministrazione di cibo ad animali randagi è illegittimo ai sensi della legislazione nazionale e regionale a tutela degli animali d'affezione e prevenzione del randagismo (Legge 14 agosto 1991 n. 281 *Legge quadro in materia di animali d'affezione e prevenzione del randagismo* e Legge regionale di recepimento). Non esiste infatti alcuna norma che vieti di alimentare cani e gatti senza famiglia.

Recentemente sul tema si è espresso anche il TAR della Puglia. Il Tribunale Amministrativo, oltre a riconoscere come la somministrazione di alimenti agli animali possa essere svolta anche nel rispetto delle norme igieniche e secondo i principi di civile convivenza, riconosce - a ragione - come il divieto di somministrazione di cibo possa incidere sulle condizioni di sopravvivenza degli animali, facendo così cadere su di loro effetti che vanno addebitati solo ed esclusivamente a comportamenti scorretti di alcuni cittadini, che comunque ben possono essere individuati e sanzionati. E non solo, l'Ordinanza di sospensione del TAR specifica come «*la mancanza di cibo può comportare un peggioramento delle condizioni degli animali, tale da determinare una perdita dell'abitudine del contatto con le persone ed una contestuale, specie con riferimento ai cani randagi, predisposizione ad aggregarsi in branco creando così un reale pericolo per la cittadinanza*».

## VIAGGIO CON IL CANE

Prima di recarsi in un luogo è accertati se gli animali vi sono accolti e con quali limitazioni. Per i viaggi all'estero è necessario procurarsi tutte le disposizioni precise sugli obblighi sanitari richiesti rivolgendosi con largo anticipo al proprio veterinario o direttamente alle ambasciate della nazione in cui ci si reca: http://www.esteri.it/MAE/IT/Ministero/Rappresentanze/. Soprattutto se la destinazione sarà un Paese terzo, è consigliabile contattarle molto prima della partenza per sapere se in quella nazione vigono particolari norme per l'ingresso di animali domestici.

Per essere trasportati da un Paese europeo all'altro o un ingresso nell'Unione Europea, devono essere identificati con microchip, aver effettuato la vaccinazione antirabbica da almeno 21 giorni e da non meno di 1 anno prima della partenza ed essere muniti del passaporto europeo rilasciato dal Servizio Veterinario Asl.

Particolari ulteriori obblighi possono essere richiesti da alcuni Paesi, è quindi fondamentale informarsi accuratamente prima di partire rivolgendosi presso le Ambasciate o agli Uffici Consolari del Paese di destinazione.

Per quanto riguarda i viaggi all'interno del territorio nazionale, il portale www.turistia4zampe.it raccoglie migliaia di esercizi pubblici, alberghi, ristoranti, agriturismi, campeggi, *Bed and Breakfast* e spiagge dove i nostri amici a quattro zampe sono i benvenuti. E tanti consigli pratici.

**Ilaria Innocenti**, di formazione filosofica e sui diritti degli animali, da oltre quindici anni è attiva nel campo della tutela degli individui non umani. Attualmente è responsabile nazionale del Settore Cani e Gatti della Lav.

Poveraccio!

Ma ti sei visto?

# Indice

## S



## T



## U



## V

## SITUAZIONI

Ideazione e coordinamento
**Antonio Monaco**

Progetto grafico degli interni
**Sonia Lacerenza**

Copertina
**Roberto De Gregorio**

Traduzione dal francese
**Simona Debernardi**

Redazione
**Paola Costanzo**

Impaginazione
**Sonia Lacerenza**

Stampa
**A4, Chivasso (To)**



I lettori che desiderano essere informati
sulle novità pubblicate dalla nostra casa editrice
o esprimere le proprie considerazioni su questo libro
possono scrivere, e comunque rivolgersi a:

**Edizioni Sonda**
corso Indipendenza 63
15033 Casale Monferrato (Al)
Tel. 0142 461516 – Fax 0142 461523
E-mail: sonda@sonda.it
Web: www.sonda.it

# Il mio cane e io